U0254206

耿毓修 著

城市规划虚实谈

中国建筑工业出版社

序

改革开放以来，城市规划远远超越传统概念，是最受人们关注，学科边界最为模糊，而其影响极其深远的领域之一，也是以最快的速度提升其重要性的一个领域，从国家领导人到地方政府领导，规划管理、国土资源管理和规划编制部门，到企业甚至民众都极为重视城市规划。城市规划的地位从基本上虚拟到成为实务的转变，从被动转变为主动，也是改革开放以来最大的变化之一。随着全球化和城市化进程的不断深入，人们越来越倾向于用更为宏观的视野看待城市和城市规划。自20世纪90年代以来，中国的城市编制并实施了无数的各种类型和各种层次的规划，堪称世界之最。从总体规划到发展战略规划，从区域规划到村镇规划，从长远规划到近期规划，从宏观规划到微观规划，从控制性规划到城市设计，大到上千平方公里，小到上百公顷，如此全面重视规划实在是中国社会和城市的极大进步。今天，几乎每座城市都设有城市规划展示馆，向公众展示城市的过去、现在和未来，成为从来访的中外领导人到民众关注的热点。可以说，没有哪一个领域能牵动如此众多的政策和建设活动，也没有哪一个领域有如此广泛而又深远的影响，关系到城市生产与生活的方方面面，关系到城市的未来。然而，春江水的冷暖也许只有鸭子最明白，城市规划在这些年来的地位、作用和成就究竟怎样，哪些方面需要改进，如何实施，如何管理，存在何种问题，虚矣实矣，孰虚孰实，最能理解的莫过于从事城市规划领域的领导和规划师。

这本《城市规划虚实谈》文集的作者耿毓修是我的学长，早我两年毕业于同济大学，但因为专业的不同，而且我大学毕业后长期参加三线建设工作，一直未能谋面。只是在20世纪90年代开始，尤其是我从1994年参加上海市规划管理体制的调研，并于1998年参加上海市规划委员会的工作以来，才有更多的机会与耿毓修接触。相遇的场合多为学术论坛、研讨会和方案评审会，迄今已逾20年。他的学识、专业素质和管理工作经验对于这类会议的成功十分重要，而且他敢于发表自己的意见，做出明确的决定，寻找解决问题的途径，在原则问题上从不模棱两可，给我留下了极为深刻的印象。我从耿毓修那里也学到了许多有关城市规划和城市规划管理的知识和经验，这些都是无法在书本上学到的，对我在规划委员会的工作有极大的指导和帮助。自1963年毕业以来，耿毓修从事城市规划管理工作凡50年，即使退休后仍然担任上海市规划委员会专家委员会委员的工作，参与城市规划行业协会的工作，参加规划项目的讨论和审查，并为年轻的规划管理工作人员培训，担任同济大学的兼职教授，参与城市规划专业的教学，担任城市规划学术刊物的编委等。他担任上海城市规划管理局总工程师的这10年，正是上海城市建设发展最快的10年，也是上海市总体规划（1999-2020）修编的时期。耿毓修从规划管理工作的层面见证了上海的巨大变化。这一变化正如耿毓修所说，是史无前例的创举，而城市规划设计工作就是在机遇和挑战的相互交织中发展与提高。

文集收录了他自2001年退休后的研究和反思的部分成果，这一时期也是他发表大量学术论文、专著的10年。文集中收录的35篇文章是从他这一时期发表的众多文章中精选的，既有对城市规划的法规、区域性规划和城市规划的编制，也有历史文化遗产保护、城市住宅建设等方面的论述，不仅涉及城市规划的理论和法规，也涉及城市规划教育和人才培养，他在文章中还评述了城市雕塑、城市广告、艺术收藏等方面的问题，既有论文和讲稿，也有调查报告和课题研究报告等。从这些文体多样、论及面相当广泛的文章中，我们可以看到一位优秀的城市规划师所具有的素质和思想精髓。我一直认为，任何学科领域，任何工作性质，都存在某种哲理，都需要思想指导，都需要提升理论的高度。耿毓修作为一名规划局的总工程师，既要处理大量的日常规划管理工作，又必须坚持城市的长远发展目标，同时又要不断地学习，面对新发展和新事物，要研究新技术、新方法和新问题，如果没有像耿毓修那样既处理实务，贯彻并实施总体规划，同时又努力研究规划理论，推进城市规划的法制建设，坚定理想，思考城市未来的发展，就会陷入实用主义的事务堆中。上海为有像耿毓修这样的规划总工程师而庆幸，他的工作作风和思想路线也影响了以后几代的总工程师和其他从事规划设计和规划管理的众多规划师，这才有今天的上海和未来上海的发展。上海是中国城市化水平最高的城市之一，它的建设和发展在中国乃至世界城市发展史上都具有典型性，这是与包括耿毓修在内的广大规划工作者几十年如一日的不懈努力分不开的。

对于上海的总体规划，耿毓修根据亲身的经验，主张精简总体规划的内容，增强城市空间的发展战略，体现城市规划的公共政策属性。事实上，除非由于大自然或人为的暴力破坏，一座城市将延续数百、数千年以至永远。城市塑造未来发展的规划，规划反过来也塑造了城市，塑造了城市今后百年甚至千年的未来，创造城市的历史。城市是一代又一代人共同努力一脉相传建设的结果，为此，城市不能毫无章法随心所欲地发展建设。优秀的城市规划是在城市上建设城市的规划，具有前瞻性，是城市空间品质的保障。耿毓修十分欣赏俄国作家果戈里的一句名言："城市，是一本石头的大书，每一个时代都留下光辉的一页。"他自认是"承上启下的接力员"，将城市发展的接力棒接过来，再传下去，这就是城市规划编制和城市规划管理的可持续发展。作为国际大都市和历史文化名城，作为长三角的中心城市，上海的总体规划和规划管理历来都面临极大的挑战，上海的未来发展要求我们在城市规划和城市管理体制、建筑设计体制、建筑管理体制等一系列相关领域，注重城市化的品质，关注现代城市发展所带来的诸多问题，在生态环境保护及可持续发展方面做出有益的探索和尝试。

近年来的快速发展启示我们要对原有的城市发展思路和模式进行全面的反思。今天的城市，尤其像上海这样的特大型国际大都市究竟要承载怎样的功能，如何考虑未来的发展，控制城市的生态足迹，是追求新颖，追求超越现实的"完美"，激动人心的奇特，宏大的纪念性，还是生态，宜居。市场经济驱动下的城市应该如何处理资本和利润的问题，如何实现联合国人居组织 1996 年《伊斯坦布尔宣言》所说的："我们的城市必须成为人类能够过上有尊严的、身体健康、安全、幸福和充满希望的美满生活的地方。"耿毓修长期以来一直注重城市规划的综合性，关注城市化问题，推进城乡一体化发展，主张分层次、分类建立城乡规划编制体系和管理体制。他在国内规划界较早考虑城市空间品质的问题，强调城市空间配置要满足经济、社会和人的全面发展的多样性需求，在规划中重视不同利益群体的权益，并以多视角审视城市规划。上海市总体规划修编重点放在解决上海经济社会发展的空间问题、环境建设问题和历史文化名城的保护问题上，注重城市规划的宏观调控作用。总体规划成为开放性的规划，可以不断深化并完善市域空间布局。他也十分重视制度建设，努力实现城市规划的效能化管理。这些年来，上海的总体规划编制工作本身也进行了改革，建立了分级规划编制体系，划定 242 个控制性详细规划编制单元，将总体规划、分区规划确定的总体控制要求细化和分解，实现中心城规划全覆盖，成为指导详细规划编制的依据。同时，也在调查研究的基础上深化城市规划，对上海中心城开发强度加以分区研究，同时也预测上海今后发展所需要的建设量，从宏观上把握城市的中长期发展。在他和他的同事们的共同努力下，上海在结合城市自身特点，完善城市规划体系方面也有所创新，建立了以总体规划、分区规划、控制性编制单元规划、控制性详细规划和项目管理等为五个层次，以及以中心城规划、郊区规划、产业空间布局规划、专业系统规划和重点地区规划等为五大类的城市规划体系。近年来陆续编制了有关的专业系统规划和专项规划，尤其是在历史文化风貌区和优秀历史建筑保护规划、重点地区的规划、建立城镇体系、建设综合交通枢纽、加强环境保护和环境建设、创建创意产业园区等方面，获得了许多成就。

上海对城市规划和管理的重视已经产生了积极的成果，除建设国际金融、贸易、经济和航运中心外，上海正重振历史上文化中心和科技中心的地位，提倡文化的多样性，弘扬科技和教育事业，使文化和科技成为城市发展的动力，成为经济发展的组成部分。在知识经济时代，人才和城市环境是十分重要的，人才的需求已经成为企业、学术机构以及其他各类机构的第一需求。而适应未来发展需要的人才属于多种模式的人才，需要健康、安全、自由的生活环境，有效率的公共服务，方便的咨讯，良好的社会风气，完善的教育体系，一流的医疗配套服务，优秀健康的生活品质等。城市的根本定位就是为人的城市，正如耿毓修在文章中所指出的，城市规划既要见物，也要见人，需要提倡规划的公众参与，需要为未来的发展创造空间。

今天，上海正在修编新一轮的总体规划，这本文集会带给我们许多思想和启示。

中国科学院院士

2014 年 3 月 18 日

目　录

城市规划热点

城乡规划编制

城乡规划项目评析

城市规划热点

关于修改《城市规划法》两点建议

　　我认为《城市规划法》修改为《城乡规划法》应当妥善解决城乡一体化发展和加强城乡规划工作两个重点问题。

　　关于城乡一体化发展，涉及三个方面法律规范的内容：一是城乡规划编制体系。我国地域广大，各地城市发展不平衡，城市与乡村的发展又有很大的差异，规划应当体现分类指导的原则。建议规划编制体系分为三个层次：城镇体系规划、城市规划、村镇（乡）规划。再进一步对这三个层次规划提出分类指导的要求。例如城镇体系规划分为全国的、省城的，城市（建制镇）的城镇体系规划则结合城市（建制镇）的总体规划编制。城市（建制镇）规划分为总体规划和详细规划两个阶段，大中城市总体规划可以编制分区规划。城市重要地段的详细规划应达到城市设计的深度。处于城市规划建设地区的村镇应纳入城市规划，不另单独编制村镇规划。

　　二是《城乡规划法》的适用范围。《城乡规划法》应当适用于我国行政区范围内的城乡规划制定、城乡建设用地和建设活动。理由是：①法律适用范围是覆盖全国行政范围；②《城乡规划法》覆盖全国城市和乡村；③城乡规划行政主管部门主管行政辖区内的城乡规划工作；④城镇体系规划中基础设施很多涉及城市和乡村用地，或辐射到相关城市、镇、乡。上述情况已超出过去城市规划区的范围，需要统筹规划并加强规划管理。

　　三是城乡规划管理体制。根据政府规定，乡镇一级政府管理权限有限，但考虑到我国城镇化的发展，可否在乡镇政府设规划管理人员，协助县级城市规划行政主管部门工作。

　　第二个重点问题是加强城乡规划工作。根据《城市规划法》的执行情况以及近几年国务院和建设部关于加强城市规划工作的通知精神，加强城市规划工作包括城市规划的制定和城市规划的实施两个方面的工作，有许多问题需要通过法律层面加以规范，择其要点如下：

　　在城市规划制定方面，一是明确各层次规划的地位和作用。诸如加强区域性规划对区域性发展的调控；简化总体规划内容，并加快审批，以适应我国城镇化发展的形势；强化控制性详细规划的法律地位及其对建设、管理的依据作用，并需要研究控制性详细规划如何按照法制化要求编制。二是加强城市规划编制与审批过程中的公众参与，妥善解决社会公众对城市建设方面的诉求。三是明确各专业规划与城乡规划的关系。四是城市规划在实施过程中的修改调整，是当前存在的一个突出问题。要强调规划的严肃性，必须按规定的程序进行修改调整。规划调整的内容又十分复杂，需要明确哪些方面的调整需报原审批机关审批；哪些方面的调整应报一定机构审批，并报原审批机关备案。

城市规划的实施是城市政府的职能，城市规划实施涉及城市的各项建设和管理，其内涵十分广泛。不宜将原《城市规划法》中城市规划实施一章改为规划许可。近几年，城市规划实施中出现的诸多问题，有些需要通过法律加以规范。举其要者如下：

一是明确城市规划指导城市建设相关法律原则。建议将《城市规划法》中地区开发和旧区改建一章中的若干原则加以总结、提高，写入《城乡规划法》中，以体现城乡规划的宏观指导作用。

二是加强城乡规划对土地使用的管制作用。这是城乡规划实施的核心问题。需要从"源头"上加以控制，即土地供应计划、土地批租计划、建设基地和批租地块的规划认定等环节上加强规划管理，如何调整规划与土地、专项规划与发展计划等部门的关系至关重要。在这方面应当在《城市规划法》规定的基础上，加以总结、提高，不宜后退。

三是规范规划许可证与施工许可证、房地产登记、工商登记之间的协调制约关系。这些都是城市各项建设按照规划批准实施的关键环节。如果在这些环节上没有制约关系，规划许可将失去作用，规划实施监督也失去相关的内容。

四是总结和改革"一书两证"实施的情况。重点是提高工作效率和国际惯例接轨。这涉及两点：①"规划许可证"申请单位建议由建设单位委托设计单位申请。这是国际惯例，广州市实行的报建人制度就是向这个方向改革的试点。从更深层次上说，这也是防止腐败、提高工作效率的措施之一。②规划行政部门作为综合管理部门如何发挥综合作用的问题，能否将申请核发规划许可由过去建设单位向环保、消防、卫生防疫等专业管理部门分别征求意见的做法，改为政府管理部门内部征求意见的方式，即统一由规划行政主管部门在限定时间分别向上述单位征求意见。这也是国际惯例，可以提高政府工作办事效率。

五是加强对规划实施的监督检查。有两点必须明确：①明确建设工程竣工规划验收；②明确建设工程竣工档案无偿上交给城市规划档案管理部门。第二点不宜取消，否则，竣工档案无法收集，对今后城市建设造成无据可查的后果。

《城市规划法》修改为《城乡规划法》意义重大，建议重点研究与各相关法律的协调关系，拓展和深化《城乡规划法》的修订思路和内容，促进我国城镇化健康发展。

（本文是 2001 年 3 月 5 日作者写给建设部规划司领导的信，纳入文集略有删改。）

营造城市特色应把握的几个关系
——读书、读报、读城的思辨

步入 21 世纪之后，面对日益激烈的国际竞争形势，城市建设的目标之一是，发扬城市的优势，提高城市的综合竞争能力。营造城市特色则是发扬城市优势的一个重要方面。城市，又是人类社会的最基本的空间形式。营造独具特色的城市环境，使市民——城市的主人有归属感、愉悦感、自豪感，这也是城市建设贯彻"以人为本"原则的一项重要内容。从广义上来说，不论什么性质的城市，都应该建设成为富有特色的城市。突出城市特色，以特色求发展是一个城市富有生命力的象征，这应该是城市规划和建设的指导思想。城市特色是城市的个性和品位的组合。如何营造城市特色？应把握好下面四个关系。

一、城市特色与城市功能的关系

构成城市功能的物质要素是多种多样的。归纳起来主要是三个方面：一是建筑物和构筑物；二是城市道路及其相关设施，如桥梁、市政管线、广场等；三是绿化环境建设，如绿地建设、水面和山体的保护、利用等。这三方面物质要素的排列组合，像万花筒一样，构成了城市的不同形态和风貌。城市的整体功能是城市各项物质要素系统功能的整合。城市建设的每一个项目都具有很强的功能性。营造城市特色要考虑各地实际情况，紧紧抓住城市功能的要求。近几年，某些城市的建设"以大取胜"，互相攀比，建设了大马路、大广场、大草坪，并以此为特色。殊不知，这恰恰脱离了城市功能要求的实际情况，也背离了营造城市特色的本意。

（一）城市道路的规划建设应主要着眼于城市交通功能

城市道路的基本功能是解决城市交通的，道路的建设应该根据交通量和道路性质决定它的宽度和断面形式，即使考虑交通量的发展，也只要求留有发展余地，以近为主，远近结合。某些城市，在交通量有限的情况下，辟筑 100 米宽的大马路，在城市交通上有必要吗？而且，由此产生的城市用地浪费和不必要的房屋拆迁，也值得考虑。

（二）城市广场的规模和尺度取决于其功能和视觉效果

近几年，城市广场的规划建设不断地发展。城市广场，由于其位置和功能的不同，可分为交通广场、集会广场、纪念性广场、休闲广场等，并按其功能要求和视觉效果决定其规模。罗马、伦敦、巴黎等著名的广场，一般都没有超过 2 公顷。一般广场的尺度为周边建筑高度的 2~3 倍，使人们能品味建筑的细部。我国 1949 年后所建的天安门广场是政治集会和节日活动的重要场所，面积达到 30 公顷，居世界第一。现在，已经有人建议对天安门广场作适当划分，使其既适合人的尺度，又为游人开辟休息场所，使广场具有人情味。可是，媒体报道，某城市正在建设的星海广场，其面积比天安门广场大一倍。四川某城市继开辟 4.6 公顷的天府广场后，周边城市相继大动干戈，拆建筑、砍树木、辟广场。其中一个城市动用数千万资金要建 16 公顷的广场，号称"西南第一"。在我国国民经济还没有达到富余的程度，又在没有精心的规划设计的情况下，不顾广场功能，不管空间尺度，搞如此大的广场实在令人担忧！与此相反，四川绵阳将市中心公园的围墙拆除，变为市民广场，是值得称道的。

城市广场的建设，要对广场和周围建筑精心规划设计，逐步实施。久负盛名的意大利威尼斯圣马可广场原为圣马可教堂前的集散地，始建于公元 11 世纪。经过几代规划师、建筑师的努力，在维护整体环境的前提下，陆续建了市政厅、图书馆等建筑，临亚德里亚海一侧，又建了总督府。到公元 16 世纪，逐步形成了以圣马可教堂为背景，以百米高的钟塔为轴心的统率全局的 L 形平面的异形广场，面积仅 1.27 公顷。由于其尺度适宜、造型完美、空间构图完整，成为各国建筑师向往的圣地。而上面讲到的这些大广场，缺乏精心的规划设计，搞了再说。这样做的结果，不仅浪费了城市用地，也难以塑造精美的广场空间形象。

（三）城市绿化建设要重视生态效果和休闲功能

城市绿化建设是城市建设的重要组成部分。近几年，各地重视绿化建设是可喜的现象。城市绿化，应该从改善城市生态环境并为市民提供休闲活动场所的角度进行规划建设。搞大草坪，其绿化量仅限于地表一层，它虽然能吸收一部分热辐射，但因其植被矮，对地面降温作用不大，相反，草坪有强烈的蒸腾作用，在夏季，热气使人难以接近。在生态效果上，75 平方米草坪才抵得上一棵树。且不说，经常看到"不准践踏草坪"的牌子拒游人于草坪之外。另外，据园林部门实践经验，草坪种植后修剪、除草、浇水、复壮等维护费用，大大高于树木。显然，城市绿化应以植树为主，一味搞大草坪的做法不是方向。

二、城市特色与自然环境的关系

城市的发展经历了漫长的历史过程。最初人类定居，为满足生活和交通的需要，选择自然地理条件较好的地方，大多临水、靠山，因之，有良好的自然景观。通过世世代代的苦心经营，各自形成独具地方特色的城市格局和城市面貌。例如广西桂林山水甲天下的自然景色，浙江绍兴的江南水乡的特色，江苏苏州的前街后河、小桥流水的城市格局，山东济南的"一城山色半城湖"的风貌等，其城市特色可谓"三分人工，七分天成"。自然地理环境是构成城市特色的得天独厚的条件，这种条件绝非人工可以制造的。从更深层次的意义讲，也是人类生存的理念。我国古代哲学家老子倡导的"人法地、地法天、天法道、道法自然"的"天人合一"的思想，用现代的话说，就是"人与自然和谐地发展"。老子的这种哲学思想也反映了我国城市依山、傍水发展的科学道理。但是，目前我们面临保护自然资源和合理利用自然资源的严峻局面。

（一）自然资源是营造城市特色之"源"，应该积极加以保护

由于历史的原因，特别是"文革"，自然环境也因为围垦水面、开山采石、砍伐林木、工厂排污等受到很大破坏。改革开放以来，国家和地方政府花费了大量的资金和人力进行了抢救，有些自然景观已逐步恢复，有些则难以恢复其本来面目了。例如，人们常说："太湖美，美在太湖水"。太湖是三省一市的"母亲湖"，沿途连接着38座大大小小的城市，是我国经济发展最迅速的地区之一。由于长期的工农业污染，太湖已经患上富营养化的"重病"。据报道，尽管无锡市平均每年投入20亿元的资金进行治理，情况只是趋于好转，太湖水的治理不是三五年就可以解决问题的。工业革命之后，人类对自然资源的强取豪夺，危及人类的生存环境，可持续发展才成为国际社会的共识。有人预测，可持续发展和住区生态是21世纪城市发展的两大主题。只有从人类生存和城市可持续发展的理念层面上深刻认识保护自然环境的意义，才能正确把握城市特色。在写这篇文章的时候，恰好看到新华社北京1月12日电讯："统计表明，在东中部地区，近50年来，我国因围垦减少天然湖泊近1000个，围垦湖泊面积相当于5大淡水湖面积之和。湖北省20世纪50年代共有湖泊1052个，有'千湖之省'的美誉，而目前只剩下83个。昔日'八百里洞庭'水面缩小四成。湖泊的消亡，直接减少了对江河供水调蓄的容积，增加了洪涝灾害风险，成为制约湖区经济发展的心腹之患。"由此痛感到，对自然环境的破坏就是对人类生存环境的破坏，"皮之不存，毛将焉附"，还谈什么城市特色呢？

（二）合理利用自然资源，营造城市特色

面对上述严峻局面，向我们提出了如何合理利用自然资源的问题。合理利用自然环境

资源是一篇大文章。以上事例说明，对自然环境资源的利用要适度，要坚持可持续发展的原则。从营造城市特色角度讲，自然环境作为景观资源的利用，要做到"赏心悦目"。"悦目"是自然环境外在的景观，"赏心"是人们对自然环境的内在的体验。合理利用自然环境资源，要做到四点。一是充分认识自然环境是一种属于全民的社会资源，要让全社会公众共同享用。近几年，随着房地产业的兴起和发展，有些房地产开发商占用了风景名胜地区的上乘地段，开发商品房高价出售，这实际上是剥夺了一部分自然环境资源社会享用权。在房地产开发商高额利润中包含了一部分自然环境价值，这是不是一种资源的流失？二是在自然风景名胜地区禁止开采山石。现在有些风景名胜地区的山体被挖得伤痕累累，这能赏心悦目吗？即使在风景名胜地区必须修筑公路、道路，也要慎之又慎，严格控制，精心管理，切勿将完整的自然环境景观切割得七零八碎。三是风景名胜地区的旅游建筑要精心规划、精心设计，切勿随意搞大体量的高大建筑，要使建筑高度、体量、形式、色彩，既有地方特色，又能有机地融入自然环境之中。在这方面，国内外有许多上乘佳作，例如，美国建筑师赖特在宾州一个山区内设计的"流水别墅"，将建筑体分解成纵横交叉的几个体块，粗犷的材质与山岩浑然一体，瀑布在挑出山体的别墅下倾泻而下，可谓神来之笔。我国广西的七星岩、芦笛岩的风景建筑也是两组成功的杰作。四是对已经遭到污染、破坏的自然环境下决心整治，恢复其本来的面目。例如，杭州市对西湖湖滨地区的环境整治。近几年，上海市政府投入巨资治理被污染的苏州河。最近又就黄浦江和苏州河两岸滨水地区的规划设计组织国内外征集方案。黄浦江和苏州河两岸已成为新世纪新一轮城市更新的重点，通过若干年的建设，一定会形成新的城市特色。这不能不说是保护自然环境、营造城市特色的一大壮举！

三、城市特色和历史文化的关系

俄国大作家果戈里说过："城市，是一本石头的大书，每一个时代都留下光辉的一页。"城市是人类物质文明和精神文明的集约地，一个城市的发展史就是这座城市的文明史。城市中不同时代的建筑、桥梁、城墙、道路等，都铭刻着历史文化的痕迹。不同地区城市的建筑，尤其是大量性的居住建筑，由于受到不同时代的生产力发展水平、不同地区自然地理环境和民俗文化的影响，显现出千姿百态的形式。如云南的干阑式住宅、福建的客家土楼、陕西的窑洞、浙江的水乡民居、上海的里弄住宅、北方的四合院等。即使北方的四合院，北京的、东北的、山西的又有区别。正是这些绚丽多彩的建筑形式，构成了不同地区的城市特色。从这些历史建筑中，人们可以寻找历史的记忆，追索城市发展的轨迹。城市的发展是一个不断传承的历史过程，城市，只有沿着历史文化的轨迹的发展才会有"根"。历史文化积淀越深厚的城市，是越具特色的城市。我国已经批准公布了99座国家级历史文化名城，77 座省级历史文化名城。例如云南的丽江、山西的平遥等。这些城市的特色，很多来自历史文化的底蕴。

（一）历史文化是形成城市特色的"根"，保护历史文化遗产是当务之急

城市是一幅历史的长卷，凝聚着不同时代历史文化的积淀，构成城市的特色。现代城市是历史城市的延续和发展。改革开放促进了中外经济、文化的交流，这并不意味着民族的、地方的特色的消失，恰恰相反，城市唯有以特色求发展，才能树立自身的优势。近几年，城市更新的速度快、规模大，历史遗留下来的建筑文化遗产受到"建设性的破坏"。例如，上海历史上遗留下来的 2000 万平方米里弄住宅已拆除了近一半；北京的四合院也遭到同样的命运。这些历史建筑的拆除，有些是因为结构濒危，非拆不可的；有些则是具有历史文化价值的，也遭到同样的对待。在北京参加世界建协大会的一位新加坡的城市规划专家，针对这种情况曾提出过尖锐的看法：一个城市的历史文化遗产的大量破坏，就是城市特色的消失，就意味着这座城市在国际竞争中的优势逐渐丧失。目前抢救历史建筑文化遗产已经成为保留城市特色的一项重要工作。历史建筑文化遗产的保护是一项非常复杂的工作，它涉及对历史建筑文化价值和使用价值的判断、保护方式的确定、相关方面利益的维护、日常的管理、财政的支持等。针对我国城市建设快速发展的情况，首先是，把有保护价值的历史建筑，尤其是最能反映城市特色的历史文化街区，通过组织专家论证确定下来，编制历史建筑和历史文化街区保护规划，划定保护区和建筑协调区，提出保护技术要求，纳入城市总体规划中，按法定程序批准后，规范城市更新建设行为，使历史建筑和历史文化街区得到妥善保护。上海已经这样做了。其次是，对历史建筑和历史文化街区的保护要立法，这对于历史文化名城尤其必要。通过立法明确相关方面的权利和义务，调整相关方面的关系。尚无立法条件的城市，建议采用日本"契约制"的做法。即由城市规划行政主管部门与历史文化街区的市民自治组织（相当于我国的居民委员会）订立保护契约，经所在街区的居民讨论形成共识，城市规划行政主管部门经常进行检查指导，加强管理。第三是，规范建设的决策行为。鉴于历史文化街区的保护是一项技术性很强的工作，对于涉及历史建筑和历史文化街区保护的建设项目及其设计方案，一定要经过指定的专家组论证，对设计方案不断修改完善，避免盲目拍板定案。第四是，历史建筑的保护要与合理利用相结合。建筑，唯有合理利用，才能体现它的价值和生命力，历史建筑莫不如此。对历史建筑的利用有许多成功的范例：改革开放以来，上海市根据建设国际经济、金融、贸易中心之一的城市的需要，除了建设必要的新建筑，还对已改作其他用途的外滩金融街的各座历史建筑，统一组织置换，并精心修复，供国内外银行进驻办公，与隔江建设的陆家嘴金融贸易区，共同构筑了上海的中心商务区。又如，《上海侨报》2001 年 1 月 23 日报导了美国《时代周刊》评选新千年"十大最佳设计"的结果。英国伦敦泰晤士河边在废旧的河岸电厂基础

上改建的泰特现代艺术博物馆当选其中。该河岸电厂始建于 1947 年，由伦敦的著名建筑师斯科特设计，采用钢筋砖结构，烟囱高 99 米。建筑大师富有个性的设计，使河岸电厂与同样位于泰晤士河边的圣保罗教堂、伦敦桥观光缆车、滑铁卢桥相映成趣，形成伦敦市中心的一处特色景观。但是，到了 20 世纪 80 年代之后，由于原油价格上涨以及新能源的开发：河岸电厂失去了存在的价值，不久即被关闭。到了 20 世纪 90 年代，人们越来越为河岸电厂担忧，如果不能找到适当的出路，河岸电厂将面临被拆除的命运。这时，英国著名泰特艺术馆提出需要在伦敦建立一座现代艺术博物馆，人们一致认为泰晤士河边的河岸电厂是最佳选择。总部位于伦敦的联合利华公司当即决定出资 100 万英镑支持这项改建计划。在保留河岸电厂的建筑的前提下，对建筑内部按照现代博物馆的使用要求进行了改建。99 米高的烟囱改建成为一座内设电梯的登高观光塔，古老的河岸电厂获得了青春。

（二）正确把握建筑设计创新的文化精髓

强调了建筑历史文化的保护，并不是要新建筑都去造假古董。时代在前进，科学技术在进步，现代生活在发展，人们的生活需求在提高。历史建筑只能说明昔日的辉煌，唯有在建筑创作中贴近现代，才能在建筑文化方面有所建树。早在 20 世纪 50 年代末，我国建筑界开展的新中国建筑的民族形式和风格的讨论中，已经提出了"中而新"的倡议。那个时候所说的"新"是指新形式。在今天，对"新"又赋予新的内涵，那就是创新。世纪之交，在面临知识经济即将到来的时代，江泽民同志反复强调创新的伟大意义。这些年来，国内外建筑师们作了不懈的努力，创作了不少具有民族特色或地方特点的新建筑。其特色重在体现历史传统建筑的"神韵"，即所谓"神似"。日本丹下健三设计的代代木体育馆，尽管是大空间建筑，其建筑结构与传统历史建筑大相径庭，但其建筑神韵是日本的。这不得不佩服设计者对日本历史建筑的深刻理解和其设计功力。有人说，丹下创立了"日本的现代建筑"，而安藤则创立了"现代的日本建筑"。这句话可以给我们两点启示：一是立足于传统而创新；二是立足于现代并关联传统而创新。不论哪条创作思路都提示我们，建筑创新要沿着具有时代特征、本国特色、地方特点的路子走下去才有生命力。因为唯有具有地方的、民族的传统特色魅力的建筑，才能自立于世界建筑之林。这就是所谓"越是民族的，就越是国际的"道理。我们期待着具有传统特色魅力的建筑不断涌现。

（三）合理移植外来建筑文化

强调建筑历史文化的保护和发扬，也并不意味着排斥某些外国建筑形式的采用，关键是"洋为中用"。上海的里弄住宅就是中国南方三合院和外国的联立式住宅的有机结合，它既不是中国传统的三合院，也不是外国的联立式住宅，而是具有上海地区特色的住宅形式。近几年来，一场名曰"欧陆风"的建筑"流行病"正在各地蔓延。不管什么建筑，都披上西方古典柱式的外衣，不今不古，不伦不类。开发商们以此为卖点，大做其广告。某些领导也情有独钟，乐此不疲，将政府大楼也建成"欧陆式"。为此，还闹出了笑话：某城市一家房产开发公司，在建筑设计方案国际招标文件中，提出要设计"欧陆式"风格的建筑。一家德国设计单位接到招标文件后，远隔重洋打电话来问："什么是欧陆式风格？"欧洲的建筑师不懂得"欧陆式"是什么东西，这说明了什么问题？所谓"欧陆风"，不仅完全丧失了建筑的时代性，也完全丧失了建筑的地区性，与新世纪建筑创新走势背道而驰，把个好端端的新建筑，从品位上掉价到"等外品"的地步。这股建筑的歪风，应该到了刹住的时候了！在建筑创作中，借鉴某些外国建筑的语言，无可厚非；即使抄一点形式，偶尔为之，也无妨，但这不能成风。正如香港建筑师钟华楠先生讲的："抄"是一种学习的过程，而"超"，才是建筑师的目的。推动建筑创新，就得提倡城市建筑的多样性，就得像《北京宪章》所说的，致力于"现代建筑的地区化，乡土建筑的现代化，殊途同归，推动世界和地区的进步与丰富多彩"。

四、城市特色与现代化的关系

建设现代化的社会主义国家，建设现代化的城市，这是我们的目标。什么是现代化？每个人都有不同的理解。我赞成一本书上对现代化的解释："所谓现代化，就是不同社会的人们，运用现代的科学技术，改造和创造人们物质生活和精神生活条件的过程。"上述解释阐明了四层意思：一是现代化的核心是运用现代科学技术，随着时代的发展，现代化是一个相对的概念；二是现代化的目的是为人们创造良好的物质生活和精神生活的条件；三是现代化的表现形式是一个过程，不是一蹴而就的；四是对现代化的追求是不同社会的人们，这就要求，实现现代化要考虑不同的地点和条件。整合起来理解，现代化的实施要着眼于人民群众的需求，根据本地的条件，循序渐进地推进。城市现代化是一个过程，不是一届政府或两、三届政府所能实现的。城市的领导者都有"为官一任，造福一方"的良好愿望。在城市现代化进程中，城市领导者是一名承上启下的接力员，继续上届政府未完成的事业，并为下届政府行政创造有利条件，万万不可为了一时的政绩去搞形式。在我国城市现代化的过程中，也出现了一些不容忽视的现象：这就是不分城市大小，高层建筑遍地开花，城市中的高架道路也有发展的趋势。对此，我们应该有清醒的认识。

（一）高层建筑不是现代化的追求

世界高层建筑活动起源于北美，后又转向东亚、南亚、欧洲。这些年来中国大陆成为世界高层建筑活动最活跃的地区，从一个侧面反映了我国改革开放以来经济的蓬勃发展。从一般意义上说，高层建筑并非是城市现代化的象征。在一些人口密集、地价昂贵的大、中城市，建设高层区（主要是办公、宾馆等）以强化地区功能，是符合我国国情的。这些地区的高层建筑自然成为城市现代化的标志。但是，对于小城市则无必要建高层建筑，更不是建了高层建筑才能体现现代化。高层建筑对原有城市特色风貌、历史建筑和历史街区的环境都带来不利的影响。高层建筑密集地区带来的交通问题、生态问题和消防问题更不容忽视。在第二次世界大战之后的经济恢复时期，法国的巴黎、意大利的米兰等城市都曾在市中心建高层建筑。由于高层建筑对城市历史风貌的破坏，遭到社会公众的反对。巴黎改在郊区规划建设台方斯新城，将高层建筑集中到那里；米兰也把高层建筑建到郊区去了。国外很多现代化的中小城市也都没有高层建筑。这些情况告诉我们：要保持城市的传统特色，对高层建筑要慎重决策。

（二）高架道路也不是现代化的追求

在城市中建高架道路是不得已而为之的办法。高架道路是城市交通发展，道路面积不足，处在不可能拓宽道路的情况下，缓解城市交通问题的一剂"苦药"。高架道路加大了噪声、汽车尾气对环境的影响，分隔了城市空间，造成对城市肌理和传统风貌的破坏，增加建设投资等负面后果是显而易见的。因此，在城市中建高架道路，非不得已为之而不为之。在某个城市，一条高架道路飞架南北，横空出世，而高架路上的车辆则寥寥无几，不知道花这么多钱建这条高架路的意图何在，是否也是显示城市的现代化呢？

说上面这些话的目的是，建设富有地方特色的城市，是城市领导者和城市规划工作者的历史使命；建设富有地方特色的城市，要走出认识上的误区；建设富有地方特色的城市，需要城市领导的正确决策，城市规划部门的精心规划、严格管理，建筑师们的锐意创新，开发商们的理解与共识。这是一股合力，任何一方面南辕北辙都是难以奏效的。祝愿建设更多、更好的富有地方特色的城市。

（本文刊于 2001 年第 9 期《江苏城市规划》）

城市规划要以科学精神落实科学发展观

党的十六大提出了 21 世纪头 20 年全面建设小康社会的目标和任务。党的十六届三中全会进一步明确提出了"坚持以人为本，树立全面、协调、可持续的发展观，促进经济社会和人的全面发展"；强调按照"统筹城乡发展、统筹区域发展、统筹经济社会发展、统筹人与自然和谐发展、统筹国内发展和对外开放"的要求，推进改革和发展。科学发展观是我们对社会主义现代化建设规律的认识的进一步深化。科学发展观的本质和核心是以人为本，促进人的全面发展。科学发展观是全面建设小康社会和实现现代化的根本指针。

城市规划是政府指导和调控城市建设和发展的基本手段，是关系到我国社会主义现代化建设事业全局的重要工作，在编制城市规划中，落实科学发展观至关重要。编制城市规划落实科学发展观，要求我们全面理解科学发展观，并以科学精神落实科学发展观。这就需要我们对以往的工作重新加以审视，矫正那些习以为常但不符合科学发展观要求的做法，改革城市规划编制工作，提高城市规划编制工作的整体水平。

所谓科学精神，包括客观的依据、多元的探索、缜密的论证、实践的检验和理性的思考等要素。

一、客观的依据

编制城市规划的依据是什么？表面看来这是一个不成问题的问题，编制城市规划当然要依据当地的实际情况，依据有关法律规范，依据现时的方针、政策，依据上级的指示等。但是理论上的认识是一回事，实践中的把握又是另一回事。如果我们对这些依据再进一步分析，制定法律规范的依据是什么？法律规范的制定不能脱离我国的国情、地情、市情。打开任何一部法律规范的文本，第一条都写着：根据《×××××》和本地实际情况，特制定本规定。现时的方针政策更是根据当时、当地的实际情况制定的。正确的上级指示也应该反映当时、当地的实际情况。可见一个地区、一个城市的实际情况是最客观的依据，是不以人的意志为转移的依据。

城市规划依据当地实际情况，并不是迁就现状，而是依据当地的自然条件、历史状况，针对当地城市发展中的实际问题，从当地经济社会发展现实水平出发，从深入调查现状、深入分析现状中谋划城市未来的发展，从当地自然、历史、社会特点中寻求规划灵感，所以"敢问路在何方？路在脚下"。把握客观的依据编制的城市规划才具有可操作性，用这样的规划指导城市建设和发展才有"根基"，才是实实在在的。应该说，我们许多城市规划是从客观的依据出发编制的。但是，也有相当数量的城市规划或是对客观依据把握不准，或是不顾客观依据，这样的例子俯首即拾：

南方某个 8 万人口的小城市，在改革开放初期，不顾城市的发展环境和基础条件，城市总体规划提出人口规模 20 年后要达到 80 万人，城市用地铺大摊子，由于种种原因，到头来很多项目上不去，留下了很多"荒地"和"烂尾楼"。像这样的规划能科学地指导城市可持续发展吗？

20 世纪末，在我国很多地区刮起了开发区圈地风，开发区用地规模小则几平方公里，大则几十平方公里。这些开发区有些是违反城市规划而为之，有些则是有城市规划的。城市规划固然要考虑发展工业促进经济发展，但是，搞多少开发区？搞多大规模的开发区？这是需要城市规划统筹安排的。从大处着眼，要看到我国多数地区人均耕地不足 1 亩，且经济发展越快的地区，人均耕地越少这样一个客观现实。从小处入手，要分析当地经济发展条件，要分析工业发展、城市人口增加带来的一系列的需求，在城市发展空间上做好安排。"面多了加水，水多了加面"，决不是城市规划的正确做法。

最近，建设部等四部委发文，要求各地清理城市大广场和宽马路建设项目，并控制审批这类项目。这说明，大广场、宽马路的建设不仅脱离了目前我国城市建设的实际需要且有发展的趋势，不得不明令禁止。我想这些大广场、宽马路没有城市规划红线是不能建设的。做这些规划时充分考虑了市民的需求、功能的需要和建设的成本了吗？历史上，我们有过"穷折腾"的严重教训，再也不能"富折腾"了。

前几年某城市把住宅区规划建设在山体滑坡影响地区，雨季山体滑坡冲垮了山脚下居民住宅，且造成了人员伤亡。从城市规划方面反思，这不正是不顾当地自然条件盲目规划的结果吗？

我们还看到，有些规划图面、文本装帧精致，图面讲求构图、轴线，解说强调了规划理念、创意，但是规划方案却反映不出现状特点：原有河网水系被填没了，规划重新开河、挖湖营造水景；原有的居民点也不加分析地全部拆迁，代之以新的规划组团；原有林地、大树或有价值的历史文化和自然文化遗存，在规划中没有得到应有的保护和利用，规划大有重整山河的气势，缺乏对客观现实状况的分析与尊重。

造成上述问题的原因有两个方面。一方面，规划人员或掌握的规划基础资料不全、把握不准，或对现状调查不全面、不深入，对现状特点没有给予足够的重视，或者在思想方法上不是从实际出发，而是从概念出发等，总之，对客观依据没有看清楚、想明白就着手规划，难免出现问题。另一方面，有些规划是奉命规划，是按照决策者的意见奉命行事的。遇到这种情况，规划人员能否抱着对事业负责的态度，向有权决策者提出建议呢？

二、多元的探索

世界的多样性、城市规划的综合性，决定了城市规划的编制必须多元地思考和探索。从当前来看，编制城市规划应该重视以下几个方面：

（1）空间配置要满足经济、社会和人全面发展的多样性需求。例如高新技术开发区与传统的工业区各有不同的特点，对于城市基础设施和公共服务设施的需求也不尽一致，高新技术开发区的规划中遇到若干新的问题，要求我们不断学习、研究。具有不同功能的建筑综合体的出现，向规划用地功能分区提出了质疑。随着人们生活水平的提高，老龄人口的比例增加，对社区环境质量、公共服务设施有了更高的要求。当一片新居住区建成后，往往具有各种商业服务功能的违法建设应运而生，这固然需要违法必究，但其中是否存在着居住区规划公共服务设施不足的问题，特别是房地产开发市场化之后．居住区公共服务设施在规划上如何配置？如何同步建设？需要我们研究。小汽车进入家庭的势头正劲，向城市规划一贯倡导的发展公共交通为主的交通政策提出了挑战，交通拥挤、停车位不足的矛盾日渐突出，城市规划如何对待？上述这些新情况、新问题都需要不断地研究探索。

（2）城市规划要重视不同利益群体权益的协调。在社会主义市场经济条件下，许多矛盾表现为不同利益群体之间的利益矛盾，并反映到土地利用和建设活动中来。在城市规划编制工作中要权衡协调这些矛盾，规划才具有可行性，规划才能成为政府协调经济、社会发展的杠杆。以住宅建设为例，在城市规划中有可供建设的居住用地，房地产开发商多选择良好的地段，建设较高标准的住宅，以较高的卖价出售争取利润的最大化，低收入家庭只能"望房兴叹"。当政府决定行政干预，要求建设中、低标准住宅时，城市规划部门面临选择：是按规划图纸再提供一块可建设用地，还是提供一项规划政策，要求每个房地产开发商在开发基地内必须搭建一定比例的中低标准住宅。前者会出现富人区和穷人区，且低收入家庭享受不到良好的公共服务设施；后者则不会出现这种情况。正确的做法是后者而不是前者。这时城市规划就表现为一种政策，是一种促进经济社会和人的全面发展，体现公平的杠杆。

（3）要多视角审视城市规划方案。城市规划价值标准之一是经济效益、社会效益和环境效益的统一。同样用这个标准也可以审视城市规划方案的科学性。可能由于城市规划学科脱胎于建筑学的缘故，我们往往用扩大了的建筑学的视角分析城市规划方案，侧重于布局结构、物质空间、交通流线的分析，缺乏用经济的观点、社会的观点、生态的观点分析城市规划方案。以科学发展观的要求，这显然是不够的。例如：城市规划方案缺乏经济技术比较，更缺乏开发成本的分析。城市是人类最大的住区，是社会的载体，但是，我们在城市规划编制工作中，对社会需求的调查研究不够。对按规划建成的地区，我们也缺少规划实施后的评估。至于涉及可持续发展的环境生态问题，我们也重视不够。我国生态学家马世骏先生为探索经济、社会可持续发展的途径，提出了"生态建设"的概念。所谓生态建设是指，运用生态学原理，通过生态规划、生态工程和生态管理的措施，在各个层次上调控、改造生态系统，尤其是人工生态系统的结构、功能及其内部关系。以科学发展观的要求，生态规划应该落实到城市规划中来，这虽然是一项十分复杂的工作，但也是一项不容回避的工作。

三、缜密的论证

城市规划是一种对城市未来发展安排的"预案"。城市规划是否科学、合理，要经得起推敲，要经得起反复地问"为什么"，这就需要组织相关专家对编制的城市规划进行缜密的论证。在这方面，还存在着若干不容忽视的问题：

（1）不论证。除了城市总体规划的编制与审批大都按照规定组织专家论证外，对其他层面的规划的论证重视不够，有些规划项目根本就不论证。这可能与城市建设的紧迫性有关，但至少对一些重要的城市规划项目，必须组织专家论证。

（2）论证滞后。城市规划项目的专家论证，往往安排在审批阶段，发现问题后修改的工作量大，修改的时间长，影响到审批效率。有的规划可能来不及修改就审批了，造成了规划成果与批文不符，又影响到管理中的操作。因此，建议重视规划中间成果的专家论证，把发现的问题解决在规划编制过程中。

（3）论证有"猫腻"。这种情况在修建性详细规划审批中时有发现。这与开发商的意图影响专家意见有关。建议建立专家库，随机抽取专家名单。专家的专业不宜单一，应包括有关专业的专家。

由于城市规划涉及方方面面的利益关系，城市规划项目的论证除了专家论证外，还需要听取有关方面的意见，必要时要公示，听取社会公众的意见。经过缜密论证和广泛听取意见的城市规划，一般是比较科学、合理的，操作性也较强。

四、实践的检验

实践是检验城市规划的科学性、合理性、可行性的唯一标准。改革开放以来，城市规划已越来越受到政府部门和社会各界的重视，人们把城市规划比做城市建设和发展的"龙头"。城市规划能不能具有"龙头"地位，只靠说是不成的，要靠实践来检验。改革开放以来的实践证明，城市规划是发挥了积极作用的，当然，也存在着一些问题，与科学发展观的要求，还存在着一定的差距。这些问题和不足：

（1）区域性的城镇体系规划滞后。科学发展观提出要坚持区域的协调发展。我国东部与中西部的协调发展要靠党中央、国务院等高层的战略决策，下一层面的区域的协调发展则需要城镇体系规划发挥应有的作用。珠江三角洲、长江三角洲、京津唐地区、环渤海湾地带等经济发展较快地区的空间资源的配置、道路交通等基础设施的建设、城市功能的优势互补、环境的保护与治理、河网水系的整治等，都需要城镇体系规划来协调。在这方面，有关单位和学者已经做了一定深度的研究。区域性的经济社会发展呼唤着城镇体系规划的出台。

（2）城市总体规划的编制不适应快速城市化的需要，必须进行改革。在这方面虽然作了一些简化的规定，并强调了城市近期建设规划等，但是改革的力度不大。最近一个时期，广州等城市开展了城市发展战略规划的研究，为我们打开了一条思路。何不加以总结，并研究参考英国的结构规划、香港的发展策略等做法推进城市总体规划的改革呢！

（3）城市分区规划难以发挥指导控制性详细规划编制的作用。大中城市需要编制城市分区规划，目的是发挥分区规划承上启下的作用。对上要分解落实城市总体规划的城市规模、战略布局、系统性设施、规划原则等，在此基础上，指导下一层次控制性详细规划的编制。但是，按照《城市规划编制办法》的规定，分区规划的内容几乎又是一个细化的小总体规划，难以指导控制性详细规划的编制。上海市在新一轮的城市总体规划批准实施伊始，组织了城市分区规划的研究，针对城市总体规划实施的要求，提出分区规划成果应该包括两个内容：一是提出以行政区为单位的次分区发展布局，促进各行政区政府实施总体规划；二是提出控制性详细规划的编制单元，并将总体规划有关内容分解、综合，分别列出每个控详编制单元的编制要求，不得随意修改。这样一来，分区规划就能发挥承上启下的作用了。

（4）控制性详细规划指导管理的操作性不强。例如地块的划分过死，管理中遇到的建设情况千变万化，管理无所适从。规划指标模块化，缺乏整体平衡协调。控制性详细规划文本编写不规范，有的几乎是规划说明的翻版，哪些是强制性规定，哪些是指导性要求不清晰。控制性详细规划的控制要素有哪些才是合理的，也若明若暗。新开发地区的控制性详细规划与建成地区改造的控制性详细规划没有区别，而从管理的实际情况看，两者要求是不一样的。前者的内容过细无必要，后者的内容深度又不够。历史文化保护区与一般地区的控制性详规也没有区别，而从实施管理的要求看，历史文化保护区的控制性详细规划要根据保护的特点来表达，制定一套相关图例十分必要。控制性详细规划是规划编制与实施管理的一个"接口"，这个层面的规划编制内容对规划实施至关重要，应该总结控制性详细规划执行的经验，进一步研究规范控制性详细规划的编制。

（5）城市设计缺乏应有的法律地位。从这些年来城市建设的现状看，城市空间环境质量的提高、城市景观的营造、历史建筑的保护、城市品质的提升，迫切需要城市设计。按照《城市规划编制办法》规定，详细规划应有城市设计的内容，但具有城市设计内容的详细规划并不多见。从管理的要求看，需要两种城市设计，一种是工程型的，即适合一项工程或一个地区的建设，"一气呵成"；另一种是管理型的，即通过城市设计对一个城市或一个地区的建设提出一系列的管理要求，供实施管理对每一项建设提出设计要点，这对管理十分必要。详细规划应具有这方面的城市设计内容，如果没有，应单独组织编制城市设计加以补充。实践需要城市设计，就应该给予它应有的法律地位，让它堂堂正正地发挥作用。

以上这些问题和不足是前进中的问题、发展中的不足，但是，应该给予足够的重视。有一句话说得好："没有作为，就没有地位"。只有让各个层面的城市规划充分发挥它应有的作用，城市规划才能真正树立起"龙头"地位。这就需要对上述的问题和不足扎扎实实地研究解决。

五、理性的思考

研究解决当前城市规划编制工作中的问题和不足是提高城市规划编制整体水平的一个方面，谋划城市规划工作的改革与发展是提高城市规划编制整体水平的另一方面，在这方面有些问题值得深入思考：

（1）城市规划成果的形式问题。城市规划成果的表现形式，已从原来的以"图"为主、文字说明"图"的形式发展为文本与图纸"文图并茂"的形式，这是一大进步。城市规划的组织编制、审批与实施是一种政府行为。城市规划成果的表现形式如何适应政府行政的需要，值得我们研究。以政策作为城市规划成果形式之一可能更适合政府行政的需要，而且，政策有利于统一各方面的认识，有利于规范有关行为，从而有利于促进城市规划的实施。在美国，城市规划就是作为一种政策手段。以上海为例：上海郊区工业布局从"星罗棋布"到"三集中"（人口向城镇集中，工业向工业园区集中，农业向规模化经营集中），促进了郊区城镇布局的优化，这其中是政策发挥了作用。最近，上海市提出了中心城旧区改造实行"双增双减"政策，即增加绿地，增加公共活动空间；减少容积率，减低建筑高度，从而减缓了中心城高强度开发，有利于改善环境质量。因此建议城市规划的编制要重视政策的研究，为政府提供更有利的行政手段。

（2）具有中国特色的城市规划理论问题。目前，我们在城市规划编制中，更多的是引用国外现代化城市规划理论，这是必要的。同时，也要看到，外国的国情与我国国情并不一样；我们在城市化进程中也积累了很多正反两方面的经验。在引进国外现代城市规划理论的同时，也应该重视积累、总结我们自己的经验，建设有中国特色的城市规划理论。建设有中国特色的城市规划理论，并非为了标新立异，而是改革开放中外文化融合的必然。当前，全球经济一体化并不意味着文化一体化。文化的产生与发展与自然、地理、社会环境以及历史传统密切相关。外来文化要在本土生根发展，必须适应本国的土壤，在中外文化的接触中，外来文化得到再创造，文化趋向多样化。在这个过程中，理论作为一种文化，应该有新的创造和发展。在这方面，很多学者和规划界前辈已经做了开拓性的工作，建议我们的专业研究机构增加力度，做一些这方面的研究组织工作。

（3）规划人才的培养问题。"事在人为"，城市规划需要人去编制。今天我国有80所院校设置了城市规划专业，保守地估计，每年有2000位大学生毕业，从绝对数量讲已经是很可观了。但从我们这样一个大国的快速的城市化进程所需要的规划人才来看，每年增加2000名城市规划专业大学生也不算多。关键是提高规划人才的素质，有合理的知识结构，并形成适合的人才梯队。这是需要我们城市规划院校加以研究的。我国地域辽阔，各地方情况差别很大且城市化进程不一致，对规划人才的要求也不一样。建议各地城市规划院校要根据地域特点办出特色，同时，要改革城市规划专业研究生的培养方式。目前，城市规划专业研究生的培养主要是从毕业的大学生中先培养硕士，继而从硕士中培养博士。这种不出校门的培养方式，使得研究生缺乏实践工作体验，从理论到理论，培养出来的研究生分析和解决实际问题的能力差。英国培养研究生的方式是"3+2"，即3年大学毕业，参加工作2年后才允许报考硕士研究生，他们将实践中的问题纳入研究生课题。这种方式我们是可以借鉴的。

改革开放迎来了城市规划工作的"春天"。春天是阳光明媚的季节，春天更是辛勤耕耘的季节。以科学的发展观指导我们全面建设小康社会，城市规划工作任重而道远。上面这些认识和看法是自己结合工作中的所见、所闻、所思，学习科学发展观的一些体会，写在这里求正于同行。

（本文刊2004年第4期《城市规划》）

城市规划"以人为本"探析

　　科学发展观开宗明义地提出"坚持以人为本，树立全面、协调、可持续的发展观，促进经济社会和人的全面发展"。强调"按照统筹城乡发展、统筹区域发展、统筹经济社会发展、统筹人与自然和谐发展、统筹国内发展和对外开放的要求"，推进改革和发展。这段话有两层含意。一是发展的目的是促进经济社会和人的全面发展，最终落实到促进人的全面发展。树立和落实科学发展观必须坚持以人为本。二是发展的方式是统筹发展。只有统筹发展，才能实现全面、协调、可持续发展。只有统筹发展，才能促进人的全面发展。马克思说过，未来新社会是"以每个人的全面而自由的发展为基本原则的社会形式"。可见促进人的全面发展是我们为之奋斗的目标。城市规划的编制和实施树立和落实科学发展观，必须从理论和实践的结合上，全面系统地把握科学发展观的精神实质、主要内涵和基本要求。坚持以人为本是科学发展观的本质和核心。城市规划编制和实施坚持以人为本，要从以人为本的角度认识和理解科学发展观的精神实质，才能正确地树立科学发展观；要以以人为本的观念指导城市规划的编制和实施，才能正确地落实科学发展观。

　　城市规划固然是对空间物质要素的规划，而物质要素服务的对象是人；城市规划实施更是直接涉及人民群众的切身利益。因此，以人为本应该成为衡量城市规划编制和实施工作的标尺。城市规划的编制和实施坚持以人为本，就是要把人民的利益作为城市规划编制和实施的出发点和落脚点，不断满足人们对城市建设和发展的多方面的需求，促进人的全面发展，维护社会公众利益，保护不同利益群体的合法权益，努力创造一个人们平等发展的城市社会环境。具体地讲，要从以下几个方面加以认识和落实。

一、城市规划编制必须重视研究和满足人们的行为需求

　　城市是人们生活、工作、学习、交往、休闲等活动的空间。城市规划编制得科学不科学，合理不合理，关键的一点是，是否满足人们行为的需求。以居住区规划为例，居住区

规划其实是人们居住生活方式的规划。居住区是人们居住、生活、交往、休闲的空间环境，人们的日常生活产生不同的行为，如果把这些行为分类，一类是经常性的行为，如上下班，送小孩上幼儿园、托儿所，购物等，一类是选择性的行为，如晨练，老人和儿童活动、休憩。还有偶然性的行为，为居民开会等。构成居住区的住宅小区是城市社会的基本单元，住在这里的人们与城市其他地区的人们还发生社会交往的行为。这些行为各有不同的要求。居住区规划一定要分析这些行为，满足人们的行为需求。例如组织居住区便捷的交通流线，方便人们上下班、购物、送小孩上幼儿园或托儿所。为了向老人、儿童提供适合活动、休憩空间，要精心规划绿化环境，安排适用性的空间。住宅小区的住宅组团规划要有场地感、归属感、识别感，既要让住在里面的人们有"家"的感受，又要为访亲拜友的人们便于识别等。居住区规划是要为人们创造一个美好的家园。我们有很多的居住区规划实现了这个目标，但是，也有相当多的居住区规划片面追求构图、轴线、景观。为了营造景观，不惜笔墨堆砌雕塑、喷泉、水景等，如果构图、轴线、景观离开了人们居住行为的需求，则失去了规划的本意。之所以出现这种情况，是由于缺乏以人为本的规划观念。由此想到，我们的城市规划专业是否应该增设《城市规划行为学》的课程，加强对城市规划人员人本观念的培养。

二、城市规划的编制必须落实到促进人的全面发展

城市规划的编制和实施要促进统筹发展，才能落实科学发展观提出的促进人的全面发展目标。因为五个"统筹"涉及实现三个层面的人的全面发展。一是当代人的全面发展，必须正确处理经济与社会发展的关系，统筹经济与社会的发展。促进经济、社会、环境协调发展是城市规划编制与实施的目的；实现经济效益、社会效益和环境效益相统一是城市规划工作的价值观。但是，理论上的认识不等于城市规划编制与实施自然就促进了经济社会的协调发展。随着科学发展和社会的进步，城市规划编制与实施必须不断地认识并分析研究经济和社会发展中的新情况、新问题，提出城市规划的新对策。二是不同地域人们的全面发展，必须正确处理城市与乡村、城市与区域发展关系，统筹城乡发展和地域发展。从目前城市规划编制和实施情况看，乡村、集镇规划，城镇体系规划是城市规划中一个薄弱环节。这是我们树立和落实科学发展观必须加强的工作领域。三是下代人的全面发展，必须正确处理人与自然的和谐发展的关系，坚持可持续发展。我国的基本国情是，人口众多，资源相当不足，生态环境承载能力薄弱。随着经济的快速增长和人口的不断增加，能源、水、土地、矿产等资源不足的矛盾越来越尖锐，生态环境的形势十分严峻。当代人的发展不能影响下代人的发展，并为下代人的发展留出空间、创造条件，增强可持续发展的能力。城市规划的编制和实施必须坚定不移地贯彻执行保护环境和保护资源的基本国策。2004年，

国务院着手清理整顿开发区，撤销三分之二，核减规划用地 2.5 万平方公里，敲响了城市规划编制和实施中保护土地资源的警钟。这固然与当地政府有关领导有关，作为城市规划工作者能否秉公谏言，避免浪费土地的情况发生呢？总之，实现人的全面发展，决不是一句空洞的口号，有许多工作要求城市规划编制和实施加以落实。

三、城市规划编制必须满足人们对城市空间环境的日益增长的需求

希腊哲学家亚里士多德说过："人到城市里来是为了生存，而人们在城市里住下来，则是为了生活更美好。"人们对美好生活的追求是无限的。不断满足人们对物质生活和精神生活日益增长的需要，是城市建设的根本目的。随着我国经济的快速发展，人们生活水平的日益提高，人们对物质生活和精神生活的需求不断增长和扩大。这些需求的落实，必然反映到城市空间环境中，需要城市规划和实施统筹安排。如果回顾一下近几年来城市建设的发展，对照人们对城市环境的需求，我们可以看到有许多方面的问题迫切需要研究解决。例如城市的交通问题，尤其是大城市的交通问题，人们上下班"出行难"日益突出。大量高层建筑的无序布局，不仅造成城市景观环境的破坏，而且出现了日照、风速等城市小气候的生态失衡。新建居住区入住后，因为配套设施的不足，助长了违法建筑的乱搭乱建，反映了城市规划编制和实施不能满足人们的日常生活的需要。水环境的治理、大气环境的改善、声环境的控制、城市防灾问题的落实等，都需要在城市规划编制和实施中给予足够的重视。这些问题虽然是城市建设和发展中的问题，这些问题的产生有多方面的因素，但是研究解决这些问题却是城市规划编制和实施的不容推卸的责任。城市是一个以人为主体，以环境为载体，人与环境互动的经济—社会—自然复合大系统，解决这些问题需要用系统的方法，发挥城市规划综合的优势，深入地加以研究才行。

四、城市规划编制必须尊重人，保护人们的合法权益，维护社会公众利益

回顾现代城市规划的发展可以发现，随着城市化水平的提高，城市规划的功能趋于扩大，且在城市化不同的发展阶段、不同发展水平的国家，城市规划的功能各有侧重。在现代城市规划发源地的英国，霍华德提出"田园城市"的理论，是基于解决工业革命后城市发展中的"城市病"，诸如环境污染，住区卫生、城市交通矛盾等。随着城市化的发展，城市规划解决"城市病"的功能延续到现在，但在发展中国家，经济发展被放在首要位置，城市规划又成为提高城市综合竞争力，促进经济发展的手段，这是我国现阶段的城市规划与实施的重要任务之一。在经济发达国家，城市化水平较高，城市发展得相当成熟，人们对环境的需求日益增长，更多的是关注自身利益的保护。城市规划又成为调整不同集团利

益的天平，例如美国的城市规划《区划法规》。回顾现代城市规划发展的轨迹，我们可以说，城市规划的功能在于，通过对土地等空间资源的优化配置，保证城市的合理布局，促进经济社会的发展，为人们创造良好的工作、生活环境，维护社会公众利益，保护人们的合法权益。可见城市规划的编制和实施最终涉及人。随着改革的深化，对人权的尊重，对人们合法权益的保护，已载入我国的宪法，城市规划编制和实施理应贯彻执行。

城市规划尊重人，保护人们的合法权益要落实到城市规划编制和实施的始终。有若干问题值得我们深思。一个问题是城市规划编制前的现状调查研究，要重视新建或改建地区原住农民或居民的利益。在某些规划的现状调研中还存在着"见物、不见人"和"不见物、不见人"倾向。所谓"见物、不见人"是，重视地形、地貌、自然资源和人文资源的调查分析，而对拆迁原住农民或居民的利益不作考虑，大片的居民点、住宅区是否应该拆迁？为何进行安置？根本不作交待，大笔一挥一概抹去。而"不见物、不见人"的调研，则把现状当作一纸白纸，去画"最新、最美的图画"，更是不可取的。另一个问题是，现有的若干城市规划技术规范的规定，侧重于物质要素的合理配置，这固然是对的。但在进行配置中，缺乏相关方面人们利益调整的规定，例如容积率转移的规定等。执行规范阻力大，强制执行则必然会造成侵犯相关人们的合法权益。第三个问题是城市规划编制和实施过程中的"公众参与"的问题。近几年，在城市规划编制和实施过程中，实行了"政务公开"、规划案件"公示"、专家论证等措施，让人们知情，请专家把关是必要的，但是土地的使用或建设活动的实施，必然涉及相关人们合法权益，必须倾听相关人们的意见和建议，组织听证会，使社会公众参与到城市规划编制和实施中，是一个迫切需要解决的问题，"公众参与"涉及的问题较多，如不同意见的平衡、裁决机构的设置、相关法规的完善等，但是，这是一个城市规划编制和实施坚持以人为本不容回避的问题，应该进一步研究落实的时候了。

五、城市规划编制必须加强城市规划法制建设

加强城市规划法制建设，是城市规划作为城市政府一项行政职能所决定的，也是坚持以人为本的必然要求。依法治国、依法行政，建设社会主义法治国家，是新时期我国的治国方略，也是政府行政改革、实现政治文明的必由之路。法治是相对于人治的一种治国、行政的方式和原则。法制则是对各种法律制度的概括，是法治的基础和依据。法治的理论和原则是法制建设的指导思想的重要内容，两者是相辅相成的。城市规划编制和实施要依法行政，必须要加强城市规划法制建设。法律、法规是通过全国及省、自治区、直辖市人大及其常务委员会制定的，是通过人民代表讨论决定的，体现了人民的意志、愿望和要求。城市规划编制和实施坚持以人为本，就要加强城市规划法制建设，以城市规划的法律、法

规规范城市规划编制和管理行为，以人为本才能落到实处。

加强城市规划法制的建设，一是要完善城市规划法规体系。例如《城市规划法》的修订，应该以以人为本，促进全面、协调、可持续的发展观为指导，审视其修订的内容，并期待它尽快出台。还需要进一步完善《城市规划法》配套法律规范文件。二是城市规划编制和实施要按照法制化的要求大力推进改革。城市规划的内容实质上是规范城市规划区内土地使用和建设行为，赋予其某种权利并规定其义务。可见城市规划具有法的属性，城市规划按照法制化的要求推进改革才是正确的方向。城市规划编制按照法制化的要求推进改革，包括按照法律规范的编写方式编写规划文本。对于某些特定地区如历史文化风貌保护区、风景名胜地区、特殊要求地区等，按照经批准的城市规划，制定专门性的法规、规章，促进城市规划的实施。也包括完善城市规划编制体系。总结现行城市规划编制体系实践的经验，将有利于城市空间环境建设的城市设计纳入法定的城市规划编制体系之中。通过城市设计深化、细化城市规划强制性规定，并进一步提出城市规划实施的指导性意见即《导则》，这也是城市规划按照法制化要求改革的重要方面。三是加强人大对城市规划编制和实施的监督，将以人为本的科学发展观落到实处。

现代建筑大师勒·柯布西耶说过："一个好的建筑师需要天才，一个好的城市规划师则需要真诚。"科学发展观为今后的城市建设和发展指明了方向，在我国城市化进程快速发展的今天，城市规划编制和实施任重而道远。让我们诚心诚意地坚持以人为本，正确地树立和落实科学发展观，指导城市规划的编制和实施。

（本文刊于 2005 年第 2 期《规划师》）

实施《物权法》涉及城市规划的两个问题

2007年10月1日《物权法》开始实施。制订并实施《物权法》是建设社会主义法治国家的重要举措。城市规划管理是一项政府行政管理工作，依法维护社会公众利益，平等保护相关权利人的合法权利，是行政管理工作的基本职责。扎实地做好《物权法》实施的相关工作，是城市规划管理的题中之义。

土地是城市发展和人类赖以生存的物质基础。土地使用及其开发控制是城市规划编制与实施的核心内容，其出发点及归宿是维护公共利益。在《物权法》中，土地作为物，其权利主体即国家、集体、私人、法人，对其享有的权利受法律保护。土地的这种复杂的属性和土地上复杂的权属、利益关系构成了复杂的法律关系——《物权法》的实施。瞻前顾今，城市规划管理面临着转变观念、改革工作的任务，有两个方面的问题值得我们深入思考。

一、城市发展模式问题

一个城市空间发展规划的编制和实施，强调维护城市建设和发展的整体的、长远的利益，即公共利益，这是不言自明的。《物权法》从保障国家长远的可持续发展出发，规定了"国家对耕地实行特殊保护，严格限制农用耕地转为建设用地，控制建设用地总量。"城市的发展必然要占用农用耕地，特别在我国快速城市化进程中，城市建设占用农用耕地的量是巨大的。据有关资料统计分析，从1996年到2003年我国耕地净减少1亿亩，其中建设用地2240万亩。粮食产量从1985年的5.1亿吨下降到2003年的4.3亿吨。我国现有耕地拥有量是18.5亿亩。随着我国人口的增加和城市化的发展，应该保持多少耕地和允许使用多少耕地呢？

到2030年，我国的人口将达到16亿。按照人均500公斤粮食需求计算（发达国家人均1000公斤左右），16亿人每年需要粮食7.2亿吨。如果每年进口粮食5000万吨（占世界贸易量的 1/4），我国自产粮食必须达到 6.7 亿吨。按照亩产 525 公斤计算（目前全世界亩产最高的荷兰是 512 公斤），则需要 17 亿亩耕地（其中 30% 耕地需用来生产经济作物）。也就是说，我国未来占用耕地的极限是 1.5 亿亩。到 2030 年，我国的城市化水平将达到 75%，城市人口将达到 12 亿。根据 1996 年我国建设用地使用情况，每新增一个城市人口人均占地 322 平方米（包括城市和公路建设），则建设用地共需要 4 亿亩地，大大地超过了上述允许使用耕地的极限。

为实现我国经济、社会的可持续发展，我们必须解决一个城市的长远发展必须服从国家长远发展的问题。国家建设部领导在最近讲话中，提出了要坚守 18 亿亩耕地的安全线，要切实改变城市盲目"摊大饼"的发展方式。这是一个改变城市发展模式的重大课题。实施《物权法》，规划管理要坚持落实以人为本的科学发展观，认真研究总结城市建设经验，探索资源节约型的城市发展模式。2000 年，美国提出了城市"精明增长"的理念，其核心内容是，城市建设要用足城市存量空间，加强对社区的重建，重新开发废弃、污染工业用地，减少城市盲目扩张；城市布局相对集中，合理提高城市组团密度，缩短生活和就业单元距离，减少交通等基础设施使用成本。这不失为一种节约土地资源的、紧凑和高效的城市发展模式，值得借鉴。

二、土地开发控制中的权益平衡问题

国家《城市规划法》规定："任何单位和个人必须服从城市人民政府根据城市规划作出的调整用地决定。"其立法依据是，城市土地属于国有，维护公共利益是城市规划的出发点和归宿。《物权法》规定了土地使用权人的合法权利，并规定了开发建设不得妨碍相关权利人的合法权益。按照我国的土地管理制度，土地的使用权是基于土地开发权的，即土地使用权人取得建设用地批准书的前置条件，是规划管理部门核发的建设用地规划许可。核发建设用地规划许可的依据，是依法批准的城市规划。这就向规划管理提出了又一个问题，即在城市规划编制与实施过程中，维护公共利益，协调与平衡各利益主体的公平发展和相互关系成为一个重要的问题。实施《物权法》，在规划管理的观念上，必须充分认识规划许可是对土地开发权的配给，城市规划是对未来土地的使用提供法律基础。因此，规划管理需要重视下述问题的研究与改革：

（1）如何维护公共利益

上述转变城市发展模式，建设资源节约型城市，是维护国家长远可持续发展的需要，即维护公共利益的需要。在土地开发控制的操作中，维护公共利益必须界定哪些用地是涉及公共利益的用地，并做出必要的法律解释，以利于依法行政。《物权法》规定："建设用地使用权可以在土地的地表、地上或地下分别设立。"目前对地下建设用地使用权尚未规范。城市土地属国家所有，是公共物产、公共资源。如果听任土地地下无偿、无限制的开发，也是一种国有资产的流失。按照城市建设集约使用土地的发展取向要求，规范建设用地地下开发权也是十分必要的。

（2）如何保障土地开发权的公平发展和相关方的权益

这些年来，上海旧区改造暴露出来的问题，主要是高强度开发，高层林立，日照纠纷频发。日照矛盾涉及侵犯相关权利人的权益。造成日照纠纷的主要原因是高层林立。规划管理为对付日照矛盾，陷入了高层建筑日照分析的"泥潭"难以自拔。实践已经证明，解决日照矛盾不在于日照分析，而是规划控制。随着《物权法》的实施，规划管理如不另辟蹊径，将会面临愈加被动的局面。为此，建议修订《上海市城市规划管理技术规定》（以下简称《技术规定》），实行"区划管制"制度。

制定《技术规定》的背景是，20世纪80年代，上海开始实行"两级政府、两级管理"的城市管理体制改革，扩大开放引进外资，加速旧区改造。当时建设项目众多，很多地区的城市详细规划尚未编制或修编。为适应规划管理需要，于1989年经上海市政府批准施行。多年来实践结果，要肯定《技术规定》对于规划管理发挥了积极的作用，同时也发现《技术规定》缺乏严格的"区划管制"措施：①土地使用相容性规定过于疏泛，难以据其控制有噪声、油烟等妨碍环境的建设项目；②土地开发强度即容积率，是按照建筑性质和高、多层建筑核定的，不足以合理控制土地开发强度。而土地出让又以容积率大小核定土地出让金的多少。旧区的土地出让是"生地"出让，土地出让的决策者为取得较高的土地出让金，用于地上住房拆迁或工厂搬迁，他可以按照《技术规定》选择容积率较高的项目，随即出现了土地高强度开发、高层林立的情况。在某种程度上，《技术规定》代替了城市详细规划对土地开发的指导作用，为土地高强度开发提供了选择的空间，失去了土地开发控制的意义。

实施《物权法》，规划管理要保障土地开发权的公平发展和相关方的权益，必须要改变就事论事地采取日照分析的做法，转而实行"区划管制"的制度，必须对《技术规定》作较大的修订。所谓"区划管制"，即按照城市规划确定的功能区划核定容积率和土地使用相容性规定，"区划管制"图是控制性详细规划的重要图纸，使土地开发真正纳入规划控制的轨道。按照"分区管制"的制度对土地开发权进行规范，同一区划范围内的土地开发采取同一容积率指标，体现了土地开发权公平发展的原则。这样，在法理上为空中开发权的转移也提供了依据。

实行"区划管制"的规划管理制度，对控制性详细规划的编制提出了更高的要求：一是控制性详细规划中容积率的确定，不仅要依据上位规划对建筑总量的控制，还要根据详细规划编制地区和相邻地区的实际情况，深入分析才能确定；二是控制性详细规划编制，不仅要具备现状地形图，还要具备反映现状土地使用权的地籍图，藉以合理地划分开发地块，避免地块划分的随意性。只有充分分析地籍图和地形图上的相关土地使用状况，才能准确地做出土地使用相容性规定，避免土地开发对相邻地段权利人的权益造成妨害。控制性详细规划是为土地开发控制提供规划依据的，这样做是必要的。

（本文刊于 2007 年第 5 期《上海城市规划》）

把握当今时代脉搏　提高规划创新能力

　　城市规划工作从哪些方面创新、突破？我认为需要把握住时代背景。第一，从我国当前经济、社会发展的需要看城市规划的主导作用，现阶段的规划是建设型的规划。城市规划是一种城市空间发展计划，要起到空间资源的优化配置的作用。第二，从国家"十一五"发展规划看城市发展的战略目标。城市规划创新的重点要与城市发展目标相结合。上海要建设国际化大都市，看城市规划有哪些薄弱环节，再把城市规划工作放到当前的大背景下考察，就比较容易看清楚规划创新的方向和重点，从大的方面讲，有以下三个维度方向：

　　第一个方向是规划如何在原有水平上提高。首先，作为建设型的城市规划，是通过规划实施管理调控建设的，管理的依据是控详规划。控详规划的产生本身就是创新，但实行了这么多年也需要总结其经验和不足。控详规划如何与管理相结合？控详规划控制什么？有很多课题可以分解出来探讨。其次，提高城市环境质量是建设国际化大都市的一个重要方面，而城市设计是提高城市环境质量的重要手段。近几年，上海做了很多城市设计，其效果要总结，其内容要规范，其法律地位要明确，要进一步发挥城市设计对城市环境的调控作用。再次，农村规划如何适应时代要求：从"大跃进"农村人民公社规划到改革开放后农民新村规划，再到现在的社会主义新农村建设，规划如何做？首先，农村的生产方式和生活方式与城市不一样，要深入调查研究，了解农民的需求，要听取农民的意见。总之，控详规划、城市设计、农村规划，这三个方面需要研究、创新、提高。

　　第二个方向是拓展规划的研究、创新。根据"十一五"发展规划的战略目标，我们要拓展研究城市生态规划和社区规划。城市生态问题有很多前沿课题需要研究，例如城市发展模式的研究、地下空间的研究、城市环境容量的研究等。建设和谐社会，评价规划对城市空间资源的优化配置，要看其是否适应人们的全面发展，是否满足社会需求。这方面我们研究得还不够，举个简单的例子：为什么一片新村建成随即产生违章建筑？这不是能用一句法制观念不强就可以概括的，需要从规划的公共服务设施配置上进行分析。

　　第三个方向是深层次的规划探索。城市是一种文化现象，城市文化的继承和创新有物质层面的内容。经济全球化带来了中外文化的渗透和交融，正如费孝通先生所言："各美其美，美人之美，美美与共，世界大同。"文化在交融、互动的过程中会产生新的文化形态，既然有大同就有小异。民族特色、地方特点只会发展，不会消失，其中的关键在于我们是否守住传统文化这个"根"。上海对历史建筑的保护是卓有成效的，从单幢历史建筑的保护发展到历史街区的保护，有许多成功的范例。现在的问题是，要在已取得的成绩的基础上，研究城市传统文化的继承与创新，形成具有时代特征、中国特色、地方特点的海派城市文化。

城市规划科技创新，要求我们把研究工作放在重要位置。"三分规划，七分研究"，对于一个规划项目是如此，对于城市规划的提高和创新更是如此。

（本文是作者在一次规划沙龙活动上的发言，刊于 2006 年第 4 期《上海城市规划》）

城乡规划编制

务实、创新、求是
——修编北京城市总体规划的一点认识

《北京城市规划》杂志的同志向我约稿，要我在北京市城市总体规划修编之际谈点感想。接到这个任务，心里诚惶诚恐。自己对北京的规划知之甚少，不知从何谈起。作为局外人的我，还是从自己听到的、看到的、实际感受到的一些情况发一点议论。我认为，城市总体规划的修编，务实、创新、求是十分重要。

一、务实

所谓务实，就是总体规划的修编要解决实际问题，要讲求总体规划修编的实效。

总体规划修编是在原来总结规划的基础上修编，是针对城市建设和发展过程中所存在的重大问题而修编，要扎扎实实地解决实际问题。上海市总体规划修编是重点解决新世纪上海经济社会发展的空间问题、环境建设问题和历史文化名城保护问题。从我接触的北京情况看，贸然地建议此次北京总体规划修编，是否应该着重解决交通问题、生态建设问题和古城保护问题。

对北京的交通状况，我有一点亲身感受。我每次去北京开会回来时，同行们总是劝我要注意去机场的时间提前量。最近一次去北京开会，乘飞机从上海到北京花了1小时45分钟。到达时间恰逢下班时间，乘出租车从机场到开会地点也花了1小时45分钟，看来城市交通状况是不容乐观。城市交通是城市发展中的一个大问题，缓解城市交通，单靠工程措施是解决不了的，一定要从城市布局结构上研究减少交通容量的出路。

这几年北京频频遭遇沙尘暴天气，自然生态状况令人担忧。这虽然是个区域生态环境的问题，事实已提醒我们必须把生态建设排到城市规划的日程上来。生态建设是我国生态学家马世骏先生为探索经济社会持续发展的途径，在20世纪80年代提出来的。所谓生态建设，是指运用生态学原理，通过生态规划、生态工程和生态管理等措施，在多个层次上调控、改造生态系统，尤其是人工生态系统的结构、功能及其内部关系。生态建设是一项系统工程，涉及的内容十分广泛。科学发展观的贯彻执行，也要求城市规划必须重视生态建设问题。

对国家大剧院方案的争论，说明了有识之士对北京古城保护的关心，北京作为我国的首都，又是我国著名的历史文化名城，保护好北京古城是城市规划的一项重要内容。随着我国经济社会的发展，古城保护工作需要进一步拓展工作的深度和广度。

二、创新

知识经济时代的到来，我国改革开放的发展，城市规划工作面临很多新情况、新问题。面对新的形势，我们不能因循守旧，应该更新观念，寻求解决问题的新途径、新方法，增强城市规划工作创新意识。在城市总体规划修编工作中也莫不如此。

城市规划的制定和实施是政府行为。城市总体规划的实施，需要各行各业、各区各县协同努力，分层次、分系统、分时段地整合各方面的力量，落实城市总体规划的大目标。因此，城市总体规划编制方式如何适应政府行政手段的要求非常重要。上海郊区工业布局的变化为我们提供了一个很好的启示：过去上海郊区工业的发展形成了"星罗棋布"的态势。20世纪90年代，为了促进郊区工业有序、健康的发展，上海市政府制定了"人口向城镇集中、工业向工业园区集中，农民向规模经营集中"的"三集中"政策，促进了郊区城镇布局的优化。这是政策发挥了作用。实践证明，优化城市空间结构，促进城市健康发展，一项有效的政策比若干美丽的蓝图作用大。城市总体规划的实施是城市规划对城市发展过程的干预，以形成一个符合经济、社会和环境协调发展需求的空间环境。城市空间关系的调整是城市经济社会关系变化的结果。只有通过政策手段统一各方面的认识，整合各方面的力量，对城市经济、社会关系进行调整，才能改变并优化城市空间关系。因此城市总体规划的编制应该重视城市规划政策的研究，使其成为城市总体规划中的一项重要内容。过去城市规划工作的改革，已经把规划文本放在规划成果的重要的位置。现在则需要城市总体规划把规划政策论证与归纳放在文本的重要位置。

三、求是

所谓求是，就是探索事物的发展规律。城市是经济、社会发展的载体，是人类最大的住区，是一个庞大的经济、社会、文化和自然的复合生态系统。随着经济、社会的发展，城市变化层出不穷。探索城市发展规律是一个极其复杂的实践——研究——实践过程。

城市总体规划每隔五年修编一次，其实质也是在不断地认识、探索城市发展规律，使城市的建设尽可能地符合城市发展规律。从以往实践看，城市总体规划修编被看作是一项工作任务，注重工作结果，不注重过程性的研究。许多规划院虽然挂着城市规划设计研究院的牌子，但主要的工作是放在规划设计工作上，对系统的、连续的城市发展的研究工作很薄弱。其结果，一是城市总体规划修编缺乏足够的技术储备，使修编工作时间延续过长，不适应我国城市化快速发展的要求；二是平时难以有效地发挥城市规划工作对政府行政的参谋、咨询作用。因此，大力加强城市发展的规划研究工作，是形势要求，也是城市规划作为一项政府职能的应有责任。

以上是些浮光掠影的议论，不妥之处，请于指正。

（本文刊于 2004 年第 5 期《北京规划建设》）

30 年，见证上海规划设计事业的巨变

改革开放，促进了我国经济社会快速发展。作为经济、社会、文化载体的城市，各项建设量大面广，为城市规划设计工作提供了难得的历史性机遇和广阔的发展空间。改革开放、建立社会主义市场经济体制、科学发展，是史无前例的创举，没有现成的经验，在城市建设和发展过程中，会有许多新情况、新问题。这又对城市规划设计工作提出了严峻的挑战和众多课题。城市规划设计工作就是在机遇和挑战相互交织中不断地发展、提高。以我亲眼所见、亲身经历，30 年来上海城市规划设计工作的实践，凸现着由改革开放带来的巨大变化，可大致归结为三个字：一曰"活"，二曰"新"，三曰"强"。

一、"活"——城市规划设计行业从一枝独秀到百花绽放

在计划经济年代，上海只有上海城市规划设计院一家规划机构，其规划任务全靠上级下达。当时大部分规划项目是跟着建设项目跑的，名曰"项目规划"，其实主要为住宅建设和市政基础设施建设服务。地区规划主要对彭浦、漕河泾、桃浦、吴淞—蕴藻浜等几个近郊工业区的规划，着重为工业建设服务。中心城总体规划和郊县城乡镇规划，根据当时建设需要也做过许多工作，发挥了一定的作用，但是其成果往往未经法定程序批准，在执行中随意修改，变动较大。

改革开放，建立社会主义市场经济体制，是解放思想、解放生产力的伟大创举。城市规划设计是靠人的思维和智慧来完成的一项智力劳动。只有建立并不断拓展规划设计市场，广泛集聚规划设计人才，并充分调动其积极性、创造性，群策群力才能承担众多而繁重的经济社会发展和城市建设所必须的城市规划任务。改革开放激活了上海规划设计工作。30年来上海规划设计市场逐步形成、规范和拓展，规划设计工作空前活跃、健康地发展。

（1）规划设计市场的形成和拓展。改革开放激活了规划设计市场，上海的城市规划设计市场从无到有、从小到大。其动力是，城市建设和发展对城市规划需求的增长，城市规

划项目面广量大。据上海市城市规划设计院统计，该院在 1949～1977 年的 28 年间，编制的规划项目有 2000 余项，平均每年 71 项；而从 1978～2006 年的 28 年间，编制的规划项目有 7000 余项，平均每年 250 项，其数量是改革开放前的 3 倍多。规划项目及其规模的迅速增长，催发了规划设计单位逐年增加和规划队伍的迅速壮大。现在，上海具有规划设计资质的机构已有 80 家，其中甲级 5 家、乙级 38 家、丙级 37 家。另外，注册登记的规划咨询单位还有几百家；若干国外规划设计机构，也纷纷在上海设立分支机构或代表处。据统计，本市的城市规划从业人员约有 5000 人，其中注册规划师已有 722 人，如加上在上海工作的外地注册规划师数量就更多了。这些规划人员在不同的工作部门和岗位上承担了大量的规划设计和咨询工作，规划设计市场基本形成。

为了保障规划设计市场的健康发展，根据国家有关规定，采取措施规范规划设计市场秩序，加强对规划设计单位和注册规划师的资质管理。上海市城市规划行业协会制定了规划设计行业自律公约，加强行业自律，避免违规操作。重要的规划设计项目，通过规划设计招投标评审选择规划设计单位，为规划市场创造了公平竞争的环境。每两年组织一次市级优秀规划项目评审，发扬先进、改进不足，提高全行业规划设计水平。

规划设计市场的规范、培育促进了规划设计市场的发展，许多规划设计单位根据自身条件不断拓展规划市场。例如，上海若干甲级、乙级规划设计单位，除了立足本市外，还承担了全国其他省市的大量规划设计任务；有的甚至走出国门承接了俄罗斯、缅甸等国家的规划设计项目。上海规划设计市场的健康发展，出现了既公平竞争、又合作互补的可喜局面。例如，市和区的规划设计单位合作编制地区规划和郊区城镇规划；中外规划设计单位合作编制黄浦江两岸滨水地区综合开发规划；上海规划院与同济规划院合作编制真如副中心详细规划；上海规划院、同济规划院和现代设计集团共同编制上海世博会详细规划等。通过合作编制规划，发挥各自优势，取长补短，合作相长。

（2）规划设计工作的业绩斐然。改革开放使规划设计行业呈现出百花绽放、欣欣向荣的局面。不仅反映在规划设计项目数量的增多，规划设计市场的发展，更反映在规划设计课题的空前广泛，大型的和新课题的规划设计项目不断涌现，城市规划水平的不断提高，逐步形成了国家《城乡规划法》规定的城镇体系规划、城市规划、镇规划、乡规划和村庄规划多层次的城乡规划编制体系，促进了城乡建设全面、协调和可持续发展。以下从三个层面分述：

①从总体规划层面看。1986 年国务院批准的《上海市城市总体规划》、1992 年编制的《浦东新区总体规划》、2001 年国务院批准的新一轮《上海市城市总体规划》，分别是改革开放的不同阶段编制完成的，体现了当时国家对上海城市发展的功能定位和发展要求。

1986 年的总体规划，编制于改革开放的初期。国家对上海城市功能定位是我国最重要的工业基地之一，要求上海在我国的社会主义现代化建设中，发挥"重要基地"和"开路先锋"的作用，把上海建设成为太平洋西岸最大的经济贸易中心之一。根据当时的条件，上海城市的发展的着力点主要依托中心城和郊区卫星城，并谋划了上海城市长远发展的方向。城市总体规划明确的上海城市发展方向是，建设和改造中心城，重点开发浦东地区，充实和发展卫星城，有步骤地开发长江口南岸和杭州湾北岸两翼，有计划地建设郊县小城镇。

1992 年的浦东新区总体规划，则是根据国家关于"以上海浦东开发、开放为龙头，进一步开放长江沿岸城市，尽快把上海建成国际经济、金融、贸易中心之一，带动长江三角洲和整个长江流域地区新飞跃"的战略部署的要求编制的。规划了各具特色、相对独立的五个综合分区，分别是陆家嘴—花木分区（以陆家嘴金融贸易中心和花木市政中心构成浦东核心地区）、外高桥—高桥分区（开放度最大的保税区、出口加工区、综合工业区）、庆宁寺—金桥分区（出口加工区）、周家渡—六里分区（综合工业区）和北蔡—张江分区（高科技园区）。浦东新区总体规划对指导浦东新区的开发建设发挥了重要作用。浦东开发、开放为上海的改革开放注入了活力，带动了浦西旧市区的加速改造，双向联动为把上海建成国际经济、金融、贸易中心奠定了基础，上海改革开放进入了起飞和加速的阶段。

2001 年新一轮上海城市总体规划，编制于上海改革开放的深化阶段。国家要求"把上海建设成为经济繁荣、社会文明、环境优美的国际大都市，国际经济、金融、贸易、航运中心之一"，并要求"遵循经济、社会、人口、资源、环境相协调的可持续发展战略"，"重点发展现代服务业和高新技术产业"，不断增强城市功能。为实现这一目标和要求，总体规划从六个方面着力进行了统筹布局：基本形成与国际中心城市相匹配的经济规模、综合实力和城市功能布局；基本形成城乡一体、协调发展的市域城镇体系；基本形成与国际大都市相适应的新型产业体系；基本形成人与自然和谐的生态环境；基本形成以"三港两路"为主体的基础设施框架；基本形成以促进人的全面发展为核心的社会发展体系。这一轮城市总体规划的特点是，从区域的角度谋划上海城市的发展，上海的经济、社会和城市的快速发展更加重视发展的内涵。遵照国家的要求，努力推动科学发展，促进社会和谐，实现四个率先。

②从专业规划的层面看。改革开放以来，先后编制了现代服务业集聚区规划、现代产业园区规划、现代农业园区规划、城市综合交通规划、城市公用事业规划、城市住宅发展规划、历史文化风貌保护规划、城市生态绿地规划、城市景观水系规划、城市雕塑总体规划、城市户外广告设施规划、城市地下空间规划、城市水源地规划、城市能源利用规划等。这些规划的制定和实施，对于促进上海新兴产业的发展、城市综合功能的提升、城市环境的改善、市民生活条件的提高等，都发挥了至关重要的作用。

以历史文化风貌保护规划为例：1991 年编制了《上海市历史文化名城保护规划》，确定了外滩等 11 片区域为历史文化风貌保护区。1999 年编制了《上海市中心城历史风貌保护规划（历史街道与历史建筑）》，确定了 22 片历史文化街区、234 个保护街坊、440 处历史建筑群。2003 年 11 月上海市政府批准了《上海市中心城历史文化风貌区范围划示》，将中心城原来的 11 片历史文化风貌区和 234 个保护街坊整合，确定了中心城 12 片历史文化风貌区。2004 年又对郊区村镇的历史文化风貌保护进行了全面调查，确定了保护对象，划示了保护范围，编制了保护规划，全面开展郊区历史文化风貌保护工作。2005 年市政府批准了浦东新区和郊区共 32 片历史文化风貌保护区；同年，中心城 12 片历史文化风貌区保护规划全部编制完成并经市政府批准。2006 年又在全国首次编制完成了《上海市历史文化风貌保护区风貌保护道路规划》，确定了 144 条风貌保护道路和街巷。至此，上海历史文化风貌保护体系初步形成，有力地推进了历史文化遗产保护工作。外滩的风貌保护、"新天地"石库门住宅的保护和开发、多伦路文化休闲步行区的保护性复兴、思南路花园住宅区的保护性开发、新华路花园住宅区的保护性整治，徐汇、静安、卢湾、长宁等区成街坊的历史建筑保护等，都取得了明显的成效。

③从中心城地区规划和郊区规划层面看。这两个层面的规划面广量大，难以一一例举，仅上海中心城重要地区规划就有上海世博会地区规划、黄浦江和苏州河两岸综合开发规划、虹桥综合交通枢纽地区规划、杨浦知识创新区规划、北外滩和南外滩城市设计等。郊区规划有崇明岛总体规划、新城规划、新市镇规划、中心村建设规划、新农村建设试点先行区规划等。这些规划对于中心城重点地区的建设、郊区城镇建设和新农村建设，都发挥了重要的指导作用。

以《黄浦江两岸综合开发规划》为例：改革开放以来，黄浦江货运功能和沿岸工业逐步外移，为两岸更新改造留出了发展空间。1998 年 10 月开始研究黄浦江滨江地区开发方案，2002 年采取国际招投标的方式，选择黄浦江滨江地区综合开发规划方案。2003 年在国际方案征集的基础上，结合上海市情况编制完成了《黄浦江两岸中心地区总体规划》。之后，南北延伸段结构规划陆续编制完成，使黄浦江两岸地区规划覆盖面，从吴淞口到徐浦大桥全长 42 公里，规划控制面积 81.3 平方公里。目前，《黄浦江岸线利用布局规划纲要》亦已编制完成，又进一步完善了黄浦江两岸滨水地区规划。上述《规划》结合产业结构调整，重整黄浦江滨水地区土地使用功能，金融贸易、文化旅游、生态居住、公共休闲等营造多元发展空间。建立综合交通网络，加强公共交通和人行交通，密切滨江地区与腹地的联系。构建滨江"环、带、廊、园"绿地网络。保护并合理利用、改造两岸有文化价值的码头、仓库、车间等历史工业遗产，延续历史文脉。塑造空间渗透、层次丰富的滨江景观，进一步激发了滨江地区发展活力。按照《黄浦江两岸综合开发规划》，北外滩的改造、十六铺的再开发、上海船厂地区的改造、董家渡地区的整治等都在有序地进行，黄浦江将以崭新的面貌和功能展现在世人面前。

30 年来，上海城乡规划编制的完善与深化，逐步形成了国家《城乡规划法》规定的城镇体系规划、城市规划、镇规划、乡规划和村庄多层次的城乡规划编制体系，对于当前和今后城乡全面、协调和可持续发展，具有重要的指导意义。

二、"新"——城市规划编制方式从传统做法到锐意创新

社会主义市场经济为规划设计工作提供了一个公平竞争的环境，小到一个规划项目的招投标胜出，大到一个规划设计单位的发展，不是靠"吃老本"而是以优秀业绩取胜，唯有创新才能生存和发展。改革开放以来，城市建设和发展面临许多新情况、新问题：诸如如何营造城市特色，如何传承城市历史文化，如何保护和合理利用自然资源，如何提升城市活力，如何优化城市环境品质，如何整合城市各种空间要素，如何衔接工程设计与城市规划的关系等，破解这些难题既没有现成的答案，也没有一一对应的经验，唯有创新才能破解。因此，锐意创新是提高规划设计水平、促进规划设计事业发展的正确选择。改革开放以来，上海规划设计创新主要反映在以下几个方面：

（1）规划理念的创新。1992 年，浦东陆家嘴金融贸易区规划采取国际征集方案的方式，邀请英、法、日、美等外国设计单位和本市规划设计单位提供方案。从所征集的方案看，外国设计单位的方案各有特点，令人耳目一新，究其原因是规划理念新。这对上海的城市规划工作者是一个很大的震动：理念创新是规划创新的先导。重视规划理念的创新成为规划界的共识，问题是如何创新规划理念。在多年的规划设计实践中大家认识到，创新需要深入研究探索，创新规划理念必须强化规划前期研究工作，实事求是，把握规律，从中寻求规划设计的新理念、新思路。多年来，加强规划前期研究已经成为规划设计项目重要的基础性工作。本市组织的几次优秀规划设计项目评审，几乎所有获奖项目都进行了有深度的前期研究。

以《上海世博会园区规划》为例：2004 年 11 月 29 日审议通过了世博园区总体规划方案，并要求按照科学办博、全国办博、勤俭办博的指导思想，办成一届"成功、精彩、难忘"的世博会。按照组委会的要求，先后编制完成了世博会规划区总体规划、控制性详细规划和 18 项专业规划。

世博会规划是一项崭新的课题，要求高、任务重、难题多。为提高规划的编制水平，确保规划编制的科学、高效，在规划编制过程中，进行了多方面的研究、探索，世博会规划展现众多的创新点。一是理念创新。世博会规划定位于生态世博、科技世博、人文世博，体现和谐社会、和谐城市的规划理念。二是通过具象和意象的规划手段，深入演绎"城市，让生活更美好"的世博主题。以科技、生态、环保为内涵的城市生活实践区的设置是世博会的一个创举。三是根据布展和提高参观适宜度的要求，规划充分考虑人性化空间布局和适宜的步行距离，采取"园、区、片、组、团"5 级布局模式和"一主多副"的空间结构。

四是针对世博会总客流量 7000 万人次和高峰客流量 60 万人次的交通需要，构筑多模式的复合交通体系，统筹规划到达交通、园内交通和园内外交通衔接，加强智能交通体系建设，发挥综合交通整体效益，实现运行的有序、安全、高效、便捷。五是在保护的前提下，合理利用园区内的文物和优秀历史建筑。对我国现代工业发源地——江南造船厂和上钢三厂的历史建筑，采用保护、保留和改造利用三种方式，传承历史文脉，提升世博会历史文化内涵，实现勤俭办博。六是针对世博园区座跨黄浦江两岸的特点，沿江建设滨水生态绿洲，以楔形绿地渗透于园区之中，构建园区生态绿网，并与纵贯南北的世博大道交相呼应，形成具有滨江特色的生态、人文景观。七是充分考虑上海世博园址位于市区的特点，统筹世博园区规划和城市规划的协调，园区的主要道路和市政公用设施系统与地区系统衔接、整合，园区保留的永久性建筑加以后续利用，进一步提升城市综合功能，促进城市和谐发展。凡此种种创新，世博会规划被评为 2007 年度本市优秀规划设计一等奖，世博园区的建设已经按照上述《规划》积极推进。

（2）规划编制方法的创新。上海对城市设计理论和方法的引进与消化，进一步优化了规划设计方法。上海市规划院 1984 年编制的《虹桥新区规划》是城市设计方法在上海的初步尝试：一是在中心城土地使用规划的基础上，对地区内各类不同功能的用地进行了地块细分重划，并确定了地块用地性质、用地面积及范围、建筑面积密度、建筑密度、建筑高度、建筑后退、出入口方位、停车车位等 8 项规划指标；二是对地区内的各类建筑形体、体量、空间组织、空中连廊等提出规划指导意见，这些规划要求为地块开发工程设计提供了规划依据。1988 年上海市第一块国有土地虹桥新区第 26 号地块有偿出让招标。要求投标者提供建筑设计方案综合评选。由于《虹桥新区规划》的编制，及时地提出了出让地块规划设计要求，非常顺利地完成了土地出让招标工作。

同济规划院 1995 年编制的静安寺地区城市设计及静安寺广场工程设计，在两者的结合上提供了成功的案例。静安寺地区是商业中心，面临更新改造；地铁 2 号线静安寺站已列入计划建设；静安寺庙也打算改建。如何将这些建设项目有机地组织起来，提升商业中心的综合功能和空间环境质量，是城市规划需要解决的一大课题。同济规划院通过城市设计，有机整合了相关的空间要素：一是整合静安寺古刹与静安公园空间要素，建立静安寺地区具有传统文化和生态休闲功能的寺园绿心；二是整合静安寺地铁站和静安寺广场的地下和地上空间要素，以立体化的设计手段建立交通换乘和商业系统，使之形成功能复合、空间渗透、新颖的广场综合体；三是整合寺园绿心与周围高层商业、办公建筑的空间要素，组织有序的交通网络，将静安寺地区建成以文化、旅游为特色的综合型商业中心，建设效果达到了预期的目的。

这些年来，同济大学等高等院校和有些规划设计单位，结合我国国情和上海市情，对城市设计进行了相关的研究和实践，对城市设计的认识和应用有了进一步的提高。城市设计的内容也纳入《上海市城市详细规划编制审批办法》的规定：重要地区的详细规划编制必须有城市设计的内容。城市设计的推广应用促进了城市规划从传统的"二维"平面成果向"四维"时空成果转化，对于空间资源的整合、城市空间环境质量的优化、规划成果可操作性的深化，都发挥了很大的作用，从而将规划设计提升到一个新的水平。

（3）分区规划编制规程的创新。改革开放以来，我国改革了传统的详细规划编制方式，推广控制性详细规划，提高了规划的可操作性，开创了规划设计改革的先河，也引发了对城市总体规划改革的思考。由于大城市中心城规划面积大，根据国家《城市规划法》规定，在中心城总体规划和详细规划之间，增加分区规划层次。其主要目的是深化中心城总体规划，并通过分区规划将中心城总体规划要求分解到详细规划的层面，使之成为控制性详细规划编制的条件。因此，分区规划的编制是一个承上启下的关键环节。从以往编制的效果看，要实现分区规划的这一职能需要加以改革。

2000年，上海编制完成了新一轮城市总体规划，为保障其实施，从2003年开始，上海市规划局专题研究了分区规划编制的改革。这项研究立足于发挥分级管理的优势，探索城市网络化管理在城市规划实施中的运作机制，在现有分区规划编制规定的基础上，改革其编制规程。将上海中心城分区规划，按照行政区划以社区为单位划分为242个控制单元；把中心城总体规划各项规划要素和控制要求分解到每个控制单元，构成控制性详细规划的编制条件，从而使中心城总体规划的内容切实落实到控制性详细规划层面，依据控制性详细规划进行规划实施管理，中心城总体规划的实施才能真正落地。控制性单元规划已成为本市分区规划编制过程中的必要内容。实践证明，这项改革取得了预期的效果。

改革开放以来，上海城市规划设计的创新，包括在思想观念、规划方法、规划技术、规划制度等方面进行的创新，使城市规划设计能够运用先进的思想、科学的方法、新颖的技术、合理的制度，将不适应的东西取而代之，以适应改革开放的新情况、新要求，并在更高的水平上实现规划设计的目标。

三、"强"——城市规划的社会作用从"墙上挂挂"到法定的"先规划、后建设"

城市规划，唯有按照法定程序批准并实施才能体现其价值和作用。在过去相当长的时间里，规划在实施过程中随意被改动，甚至违反规划搞建设。因此，在规划界流传着一句顺口溜："规划、规划，纸上画画，墙上挂挂，不如领导一句话。"反映了对规划作用的无奈。改革开放，从计划经济向社会主义市场经济转轨，城市规划已经成为城市政府调控经济社会发展的重要手段，按照规划进行建设已成为社会共识。国家和政府在法制建设、政策制定和决策咨询等方面采取了一系列措施，不断提高城市规划的地位并增强其作用。

（1）城市规划的功能定位于公共政策属性。公共政策是政府为管理社会公共事务、实现公共利益而制定的公共行为规范、准则和活动策略，具有引导、制约、分配和管理功能。它是政府干预社会的主要手段和基本措施，具有权威性、公益性、普遍性和原则性。城市规划的制定和实施是城市政府的基本职能之一。制定城市规划是为了实现一定时期的城市经济、社会和环境发展目标，维护城市建设和发展的全局和长远的利益即公共利益，统筹谋划城市规划区内的土地使用功能布局、规划城市道路交通网络和各类市政公用设施系统，提升城市环境质量，保护历史和自然文化遗产等。城市规划是综合性规划，是规范城市建设行为的。城市规划的实施，又涉及相关方面利益的分配和管理的协调。国家建设部颁布的《城市规划编制办法》将城市规划的功能定位于公共政策，从而在法制层面确立了其功能属性，进一步增强了城市规划对城市建设和发展的规范作用。例如，上海郊区发展所执行的"人口向城镇集中，工业向园区集中，农业向规模化经营集中"的"三集中"原则，就是一项公共政策，体现了城市规划的要求。实践证明，这一政策规范了郊区发展，在很大程度上促进了郊区建设按照城市规划推进。

（2）健全城市规划法律规范，增强规划的调控作用。国家《城乡规划法》的颁布与实施，统筹城乡科学发展，规范了城乡规划的制定、实施和修改的严格要求，特别是第37条、第38条、第40条规定了国有土地有偿使用、建设用地和建设工程规划许可必须符合法定的详细规划。这就意味着没有详细规划不能建设，必须先规划、后建设。国家《城乡规划法》的颁布和实施，增强了规划对城乡建设和发展的调控作用。改革开放以来，上海市在地方法规、政府规章和技术标准、技术规范的制定等方面，不断完善城市规划的法制建设，先后制定了《上海市城市规划条例》《上海市历史文化风貌区和优秀历史建筑保护条例》《上海市城市规划管理（土地利用、建筑管理）技术规定》《上海市工程建设规范》《城市居住地区和居住区公共服务设施设置标准》等。上海市规划局也制定了若干行政措施。上述法律规范都强调了规划对城市建设的调控作用。新一轮上海城市总体规划报经国务院批准后，为保障城市规划对城市建设的调控作用，上海市政府又颁布了《关于进一步加强城市规划管理、实施〈上海市城市总体规划(1999—2020)的纲要〉》和《上海市总体规划(1999—2020)中、近期建设行动计划》等纲领性文件，城市规划的调控作用空前增强。

（3）坚持专家咨询、论证，增强政府决策的规划参谋作用。改革开放以来，上海市政府建立了规划委员会，作为政府决策的专家咨询机构，下设社会经济发展专业委员会、城市空间与环境专业委员会、市政交通建设专业委员会、历史风貌区和历史建筑保护专业委员会，广邀社会各界专家担任委员，为政府决策提供科学依据。各区县政府也建立了专家顾问团，为区县建设和发展提供意见和建议。对重要地区、主要道路沿线建设和重大工程建设还建立了专家论证制度。以上专家咨询、论证也包括城市规划专家在内。这些措施体现了政府在决策前，为城市规划提供了话语权平台，增强了城市规划对政府决策的参谋作用，进一步推进了科学决策、民主决策和依法决策。例如，上海铁路新客站跨线站屋方案、南浦大桥螺旋式引桥方案、浦东机场利用滩涂选址方案等，都是采纳了有关专家的建议决策的。这些方案节约了土地、减少了拆迁、节省了国家投资，取得了很好的经济社会效益。

新世纪、新阶段，党的十七大提出了"继续解放思想，坚持改革开放，推进科学发展，建设和谐社会"的总体要求。不久前召开的十七届三中全会又提出了城乡经济社会一体化发展的宏伟目标，城市、乡镇规划和社会主义新农村建设事业面临更高的发展目标和更广阔的发展空间。作为一个已退休的老规划工作者，我衷心期待着城市规划设计工作能够在党的科学发展观的指导下，做出新的、更大的贡献。

（本文刊于2008年第5期《上海城市规划》）

上海城市总体规划编制工作的回顾和建议

城市总体规划是对城市空间发展的战略性谋划。上海新一轮城市总体规划经国务院批准实施已经十年有余，在此期间，经历了三件大事：一是科学发展观的实践，对城市空间发展提出了更新、更高的要求，需要通过总体规划的编制加以落实；二是国家《城乡规划法》颁布实施，明确了我国城乡规划体系、近期建设规划的定位，以及控制性详细规划的法律作用，城市总体规划的编制需要作出回应；三是上海世博会的举办，其主题"城市，让生活更美好"影响深远，应当成为城市规划永恒的主题。在新形势下，回顾城市总体规划的编制，既要看到总体规划对上海发展的积极作用，更要看到总体规划编制需要解决的问题。

一、城市总体规划编制内容需要解决的问题与建议

1.总体规划内容庞大，编制、审核、审批时间过长，难以适应我国经济社会快速发展的需要。这是一个由来已久的问题。1949年之后，我国城市规划制度是在学习计划经济体制下苏联经验的基础上建立起来的。改革开放以来，我国实行社会主义市场经济体制，城市规划编制相应进行了改革，但总体规划编制改革的力度不大，基本上沿用了过去的传统做法。为适应我国经济社会又好又快的发展，建议精简总体规划的内容，重点加强近期建设规划的编制。精简总体规划内容，要把握其作用，重在城市空间发展的战略性内容，诸如城市性质、规模、空间布局、网络结构，并加强城市空间发展和运营的相关公共政策的制定，以体现其公共政策的属性。广州市城市发展战略的编制与实施，已提供了有益的经验。城市近期建设规划是城市经济社会近期建设的空间部署，需要与国民经济与社会发展五年计划相结合，并依据城市总体规划进行安排，对于促进经济社会发展意义重大。

2.总体规划内容必须体现现阶段城市发展的新要求。改革开放以来，以经济建设为中心，总体规划侧重经济建设发展。根据中央战略部署，上海城市总体规划以建设四个中心为目标，统筹相关建设发展。改革开放已经三十余年了，城市建设发生了翻天覆地的变化，

群众的生活水平有了明显的提高，其对美好生活的需求有了更新的期望，城市建设与发展进入到一个新的发展阶段。中央提出了构建和谐社会，更多地关注民生，建设环境友好型和资源节约型社会。为此，上海市委提出了"创新驱动、转型发展"的要求。我们初步认识是，城市总体规划体现现阶段城市发展的新要求，需要更多地注重社会发展，更多地注重城市文化，更多地注重城市安全。

3. 总体规划需要统筹两个层次区域的协调发展。根据规定，大城市的总体规划包括中心城总体规划和市域城镇体系规划两个方面的内容。根据中央对上海浦东开发开放的指示，要求上海发展带动长江三角洲区域的协调发展。因此，上海总体规划需要统筹市域内外两个层次区域的协调发展。对于前者，新一轮总体规划明确了上海城市发展的重心由中心城向郊区城镇和产业园区转移。随着国家《城乡规划法》的颁布实施，以及中央关于开展社会主义新农村建设的指示，继之又进行了郊区新农村建设规划工作。从中可见，按照新阶段城市发展的要求，城市郊区发展规划，不仅是城镇体系规划，还必须将郊区农村、农村的发展纳入总体规划的内容，促进城乡协调发展。对于后者，有关长江三角洲区域发展，多年来学界进行过研讨和规划，有关省市领导也十分重视，但在总体规划中回应不足。究其原因，长江三角洲区域范围涉及江、浙、上海等不同省市管辖，需要上级主管部门组织协调。根据规定，建议国家住建部牵头，尽快编制长江三角洲区域发展规划。

4. 改革分区规划编制内容，保障总体规划内容要求落实到控制性详细规划层面。分区规划属于总体规划范畴，是介于总体规划与控制性详细规划之间，承上启下的一个规划层次。按照现行规定，分区规划内容虽然对总体规划进行了深化、细化，但难以指导控制性详细规划的编制，必须进行改革，由于控制性详细规划是核发"一书两证"的依据，其内容必须落实总体规划的要求。为此上海对分区规划编制的内容试行改革：除了按规定深化总体规划的内容外，并划定控制性详细规划编制单元范围，将总体规划的定性、定量要求和各类规划控制线分解到各控制性详细规划编制单位内，据以提供控规编制条件。建议住建部研究进一步改革分区规划编制内容。

二、城市总体规划编制方法的问题与建议

1. 重视规划前期研究。城市是经济、社会、文化发展的载体，是人类的主要住区，是处于国家行政系统和大自然系统中的一个有机系统。在其发展过程中面临许多问题：大至中国特色、地方特点的城镇化道路问题，城市文化与特色问题，社会公众对城市生活需求问题，信息化与城市布局问题，小至一个规划项目地域环境、历史发展、任务背景等。在城市规划编制中，如何把遇到的问题看清楚、想明白，有待我们深入研究，规划前期研究工作对规划编制的成败及其水平的高低至关重要，可以说：规划编制工作是"三分规划、

七分研究"。现在,一些较大的规划院都称为城市规划设计研究院,道理也在于此。但问题是,人们常常将规划编制视为硬任务,将规划研究视为软任务,往往会造成欲速则不达的后果,对规划事业的发展是不利的,建议局、院领导高度重视规划前期研究工作。

2. 重视人的能动作用。城市规划编制是一项创造性的脑力劳动,人的因素起主导作用:主意靠人提出,方法靠人操作,成果靠人完成。城市规划编制是一项综合性很强的工作,需要群策群力,集思广益,调动规划人员的积极性,发挥规划人员创造能力非常重要。为此需要:一是构建一个严肃、认真、生动活泼的工作环境,二是提供更多的学习机会,三是建立形式多样的学思交流平台,让大家畅所欲言,相互启发。

3. 重视规划的公众参与。城市规划是政府行为,比较重视听取政府、人大、政协的意见。城市规划内容技术、学术性强,也比较重视专家咨询、论证。城市规划服务的对象是社会公众和相关事业部门,如何加强与服务对象交流还是一个薄弱的方面,建议充分利用规划展示馆和相关媒体作为平台加强与社会公众的沟通,并建议组织各规划部门参加的规划信息通报会对口交流沟通情况。

我已退休多年,情况了解不多,上面谈了这些只是一孔之见,不妥之处,敬请指正。

(本文是作者在2011年7月5日召开的"上海市城市总体规划回顾与展望"专家座谈会上的发言,刊于2011年第4期《上海城市规划》)。

"后世博·文化博览区规划"之我见

世博地区结构规划确定的"五区一带"布局结构,三个区在浦东,打造国际化城市中心商务区,对其规划的深化,我们已经积累了一定的正反两个方面的经验;两个区在浦西打造国际化的城市文化中心区,为此编制"后世博文化博览区规划",这是一项新课题,既是提升我们规划设计水平的机遇,更是一项严峻的挑战,建议如下:

一、挖掘功能业态规划依据

改革开放以来,在全球化的背景下,上海社会、经济高速发展,市民生活水平长足提高,文化消费持续增长。伴随着对外开放、入驻上海的外国公司数量不断增加,大量不同文化背景的境外人员对文化需求日益迫切,据上海市有关部门问卷调查,本市儿童教育、文化休闲、居住条件是他们满意度最低的三类设施。文化建设成为城市发展的新增长点,对于提高城市知名度,促进旅游业发展,增强城市综合竞争力,扮演着越来越重要的角色。上海要建设成为现代化国际大都市,建设国际化文化中心城市是题中之文,也是落实十七届六中全会决定的重要举措。编制上海市文化发展战略和城市文化空间发展规划是必然的选择,这也是编制文化博览区、控规和深化其功能业态的依据,在目前这项工作尚不明朗的情况下,作为规划的前期工作,建议搜集国内外这方面的资料,并主动与市委宣传部等主管部门商讨,力求明确上海文化发展需要安排在该规划区内的,文化业态的类型和规模。并访问与其相关文化业界的资深人士,咨询相关配套设施要求。

二、演绎海派文化内涵

从有关资料上看到,随着20世纪末以来文化和创意产业在全球范围内持续发展,以文化为中心的城市发展策略受到众多国家的重视,他们从自己的历史和传统中寻求文化特色，试图在文化上重新定位。2009 年，联合国教科文组织陆续选定了 19 个城市分别以民间艺术之都、设计之都、电影之都、烹饪之都、文学之都、音乐之都和媒体艺术之都命名，成为"联合国全球创意城市联盟"的成员。上海世博会的举办，让我们看到了各国文化的争奇斗艳及其对促进社会经济发展的重大作用，印证了费孝通先生的名言："各美其美、美人之美、美美与共、世界大同"。文化，是城市发展所积累的物质和精神产物的汇集。海派文化的特点是兼收并蓄、博采众长。综合上述认为，规划应当彰显海派文化内涵，促进海派文化发展，凸现上海城市特色。规划如何诠释、演绎海派文化内涵是一大挑战。建议该功能区名称改为海派文化展扬区，并从多维度展开演绎：一是在功能业态上，除了按照全市文化发展统筹安排的业态、项目外，优先安排体现海派文化特色的项目，以及国际交流、教育、培训的功能业态；二是注重规划区内历史文化建筑、道路、遗址的保护；三是与最佳区相互渗透交融；四是规划布局、公共空间和环境规划设计体现海派文化特点，适应文化活动交流的需要等，使其能诠释海派文化过去、现代和未来发展的规划主题。

三、打造国际水平的特色文化滨水区

这是建设现代化国际大都市的需要，也是引领黄浦江两岸综合开发的需要。在研究浦江两岸开发开放初期，院里对国际上的优秀案例进行过分析借鉴，近期又通过文化博览区的国际方案征集，总结借鉴了 6 个方面的亮点，为深化规划文化博览区提供了必要的条件，建议珍惜这些经验，并在规划中消化吸收。能否实现上述规划目标，关键还在于我们自己的工作，试从规划布局、城市设计和对社会开放的公共空间提些建议。

一是关于规划布局，规划布局是为丰富的文化活动和事件创造一个适宜的平台。该规划的对象是向社会公众开放的公共文化活动区，为使规划布局科学合理，满足宜人、宜业和可持续发展必须要分析研究不同人群的文化消费方式和行为要求，不同类型的文化设施的运营特点和要求，以及合理的环境容量。惟其如此才能合理地安排各类设施和公共活动空间，划定建设地块范围、谋划道路交通网络等。这是一个集思广益、逐步完善的过程，项目组不妨每人提供一个方案，组内讨论，好中选优，取长补短，民主决策。

二是关于城市设计。城市设计对于研究城市景观，创造宜人场景，补充控规图则要点，具有十分重要的作用，是营造城市形象的重要手段。这是一个规划面积约 1 平方公里的控规，其对应的城市设计是一个中观尺度的控制性城市设计，有条件从整体上深化设计。建议综合研究区内建筑构成、区外建筑群肌理和浦江对岸区域的相关要素和视角，统筹谋划规划区内的建筑形态、色彩、标志建筑、视觉走廊等，重点刻画重要节点、广场的场景效果和重要街道的景观。城市设计的过程也是与规划布局相互校正的过程，力求合理、适当。城市的成果是最终转化为规划附加图则，指导实施，不宜将建筑效果图代替城市设计研究分析。

　　三是关于公共活动空间。公共活动空间是城市设计和规划研究的主要对象。这个项目的公共活动空间包括滨江公共活动带、公共广场、重要街道、较大的绿地等。我的看法是，这是一个公共文化活动区域，与滨江带一样，是对社会开放的，两者不宜划分，宜相互融合，且区内应当有方便直达滨江的路径。这个区内的半淞园路等道路，承载着历史的记忆；某些主要道路两侧的文化设施运营中的公众活动与街道息息相关。这些街道的设计应当统筹有关要求、特殊设计，不宜一般化的对待。公共广场的设计，除了把握好尺度以外，还要解决大型文化活动（如露天音乐台）和平时的使用问题。

　　按照"政府组织、专家领衔、部门合作、公众参与、科学决策"的规划原则，建议规划中多听听规划管理部门、相关业务管理部门的意见。对于规划中间成果也宜组织一次论证。

（本文是对"后世博·文化博览区规划"的咨询建议）

乡村规划教学的良好开端

同济大学建筑与城市规划学院将乡村规划纳入教学内容，并与西宁市联合组织村庄规划方案竞赛具有非同寻常的意义。一是表明作为高等学府的同济大学率先垂范，响应落实科学发展观，贯彻执行国家《城乡规划法》，在教学工作上迈出了踏实的第一步；二是具有公共政策属性的城市规划学科开始将智力向全国近一半人口的广袤乡村地区倾斜，改变了长期以来一只腿长一只腿短的状况；三是在当下我国快速城镇化的进程中，为国家培养输送急需的合格人才夯实了基础；四是将规划教学与地方规划工作急需相契合，既解决了实际规划工作的燃眉之急，更重要的是让学生认识社会，在实践中体悟规划专业的意义，以及规划师应当具备的知识能力和方法，是一次"实践"训练。总之，这不是一般意义上的课程设计，而是城市规划专业的一项教学改革。

基于上述认识，我是花了一些时间，事先阅读了16个方案和设计任务书。设计任务书编写得比较完善，16个方案编制得也都比较认真。作为概念规划，主要考查学生运用所学知识分析问题和解决问题的思路。其中有五六个方案做得比较好，尤其是"金城驿站"、"乡里乡亲"两个方案比较全面深入，其他的方案也有特点，此不一一评析。同时，也发现一些值得关注的问题，例如有些方案分析研究不够，没有明确村落发展存在的主要问题，对于少数民族聚居村落和历史文化遗存较多的村落，没有深入挖掘并提出对策，使之更有特色特点；问卷访谈和村容环境整治大都比较薄弱；村庄发展普遍存在的突出问题是产业发展和污水排放，虽然这些问题的解决并非概念规划所能为之，但也未提出建议等。存在这些问题，既与设计周期短（仅有一个月）有关，也值得在教学环节上予以重视。为此，提出以下建议：

其一，重视解读新农村建设政策和政府有关要求。作为具有公共政策属性的城市规划，必须遵循有关建设政策和政府有关要求。规划编制之前要充分研究，正确理解有关政策要求的基本精神及其内涵，真正成为规划编制的指导思想，将其转化为规划目标，外化为规划行为。惟此，才能体现规划的公共政策作用。

其二，深入调查分析规划村落的现状。现状是实事求是编制规划的出发点，是分析存在问题的重要依据。从 16 个方案综合对比看，现状分析全面透彻的，都是做得比较好的方案。据了解，这次规划的现状调查是事先派出调查小组，然后再将调查小组的成员分配到每个设计小组，很多设计者并未到现场，影响到规划方案的质量。

其三，大力加强规划编制前的综合研究。方案竞赛所提供的 16 个方案是分别对 8 个村庄的规划方案。8 个村庄除了在产业和自然地形方面基本类同外，在村庄规模、人均收入、空间布局、构成民族、历史年代等方面多有差别，有的差别还很大。从总体上看，16 个方案都有对存在的主要问题、规划理念、空间布局、规划重点、产业发展、公用设施等内容各有侧重的分析研究。所不同的是，在研究的内容综合性和深度上存在差异。值得总结的是，得奖的 8 个方案有 6 个方案研究的内容综合性强，研究比较深入，规划方案比较合理或特点明显。由此得到启示：一个好的规划编制是"三分规划、七分研究。"再从规划方案存在的问题分析，反映出我们对农村、农业、农民并不熟悉。如何把握农村特点、农民的生产方式和生活方式，农牧业发展条件，并从中探索农村发展规律，还有很大的差距。这是乡村规划教学不得不面对的一个问题。

（本文是 2012 年 12 月 7 日作者参加同济大学建筑与城市规划学院举办的西宁村庄规划的评审意见）

城乡规划项目评析

大处着眼 小处着手
——评"上海市区大型变电站选址规划"

这项规划并不复杂，但从其看似平凡的做法中领悟到城市规划运作的普遍意义。

意义之一是，坚持统筹规划才能发挥指导作用。城市规划是政府行为，城市规划成果是公共产品。规划要符合国家政策，满足经济社会发展需求，推进城市科学发展；又要维护相关方面的合法权益，有利于构建和谐社会。该规划涉及的大型变电站选址，不仅要保障城市电网的运营，而且要节约使用土地，避免重新审视中心城42座未建的220kV以上变电站的站址用地，对每座变电站的用地条件和周围环境进行评价，对存在的矛盾统筹协调解决，进一步调整、优化变电站选址建设方案，合理地指导变电站的建设。

意义之二是，坚持务实规划才有可操作性，规划具有可操作性才能保障其实施，因此，规划一定要从实际出发，实事求是。该规划坚持务实的做法；一是对新增加未建的大型变电站选址，逐个现场查勘，分别加以研究；二是对变电站选址规划，通过专家评审、征求相关部门意见、网上公示听取社会公众意见三个层次，广泛听取意见，对存在的问题组织协调、优化方案；三是将优化、完善的变电站用地和规划条件，分别纳入所在地区的控制性详细规划，使规划和建设管理部门据以操作。

这项规划给我们的启示是，规划编制要大处着眼，小处着手，坚持规划原则才能提高规划效能。

改革　创新　突破
——评都江堰"壹街区"详细规划

都江堰"壹街区"详细规划是地震灾后重建规划。规划依据城市总体规划确定的"以创造性重建实现跨越式发展"的指导思想，充分把握时情、地情和可能条件，借鉴近年来规划实践和研究的经验，在许多方面有所创新和突破。

1. 演绎发展定位。规划依据上位规划确定的"以居住功能为主的城市新区"发展定位，引入援建项目培养城区功能，因势补水、理水优化城区环境，构建复合街区，增强城区活力，统筹相邻关系，带动整体发展。上述种种措施演绎了地区发展定位的内涵。

2. 创新空间结构。规划把握住地震破坏严重，在空间上重新布局的可能性，化腐朽为神奇，构建了以人工湖为核心的"发展轴线 + 网格片区"的空间结构。街坊小尺度、路网高密度、重在营造街区生活，放大城区效应。整体结构形成向周边辐射、网络发展的可增长框架。

3. 倾注历史记忆。规划将灾后遗留下来的村落林盘和受损不大的工厂建筑视作重建规划的"基底"，借鉴国画论"计白当黑"的法则，将其纳入规划中谋划；林盘成为公共绿地，受损的建筑经整修扩建为图书馆、文化馆等公共设施，且新建建筑延续了保留建筑的风格和色彩。规划留下了历史的记忆，取得了与自然和谐发展的效果。

4. 改革规划方式。为适应灾后重建任务急、时间短的需要，将详细规划落实到修建设计。为保证规划的整体要求，提高设计质量，先进行城市设计，再将一期工程的项目分摊由17位建筑师按照城市设计要求进行设计，最后由规划作必要的统筹调整，取得了统一中有变化的空间效果。

古人云：没有远谋，必有近忧，即使灾后重建应急性规划，也需要统筹长远和整体的发展，这个规划是范例之一。

三分规划　七分研究

——评"三亚市海棠湾 A5、A8、A9 片区控制性详细规划"

三亚市海棠湾 A5、A8、A9 片区控制性详细规划是一个特色显明的热带滨海旅游休闲度假区的规划：疏密有致的组团布局，清晰便捷的道路系统，因地制宜的河网水系，自然和谐的生态环境，独具特色的空间形态。看完了规划说明书才知道是系统深入的规划研究造就了这些特色！

一是实事求是的用地评价分析。规划通过横向由滨海向内陆的用地价值分析，明确了用地布局需要，体现土地极差效应。通过纵向由北向南土地变程走势和植被生态价值的分析，明确了可建设用地和需要保护的生态敏感地带。由于深入的用地评价，明确了基于土地级差效应和生态效应的空间推演对策，也发现了上位规划在规划结构、道路系统和理水方面存在的问题，经与相关部门沟通取得认同。

二是深化度假区功能和关键问题的研究。规划研究了相关的国内外度假区案例，从中总结出旅游度假区成功的 4 大要素，还特别针对普遍存在的候鸟式旅游引发的度假区空城现象等 4 个专题进行了研究，明确了特色化、差异化、多元化的规划思路，再综合基于土地级差效应和生态效应的空间推演，最终形成了合理的规划结构，优化了道路和水系布局。

三是注重空间形态研究。规划通过城市设计方法，对度假区整体和重点地段、节点的空间形态和空间管理进行了研究，深化、细化了空间控制规划导则，引导独具特色的空间形态的形成。

这项规划给我们最大的启示是，深入研究对规划编制的重要性。城市规划编制面对情况各异的不同地区，要解决纷繁复杂的问题，要实现空间发展，绝非简单的"移植"，摹仿所能成就的。只有加强系统深入的研究工作，才能寻求到合理的对策、思路和理念，即所谓"三分规划、七分研究"。

开创性的探索
——"评上海城市总体规划实施评估"

城市总体规划的实施是城市政府依据制定的规划，运用多种手段，合理配置城市空间资源，保障城市建设发展有序进行的一个动态过程。在规划实施过程中，为了监督经济社会发展执行规划的情况，研究规划实施中出现的新问题，总结规划的优点和不足，及时采取相应措施，以提高规划实施的严肃性和科学性，2008 年施行的国家《城乡规划法》规定，要定期评估城市总体规划实施情况。

2005 年，是上海新一轮城市总体规划实施的第五年，在上海市城市规划管理局的工作部署下，上海市城市规划设计研究院对总体规划实施情况进行全面系统的评估，历时 3 年完成。这是一项前无先例的开创性探索工作，也是一项内容庞大的系统工程。评估工作迎难而上，取得了丰硕的成果：

一是建立了基础信息库，为定期评估城市总体规划实施奠定了坚实的基础。

二是研究设计了评估内容、评估方法、技术路线和组织方式等，为建立总体规划实施评估机制积累了经验，评估成果对业界也具有借鉴意义。

三是对总体规划实施 5 年的成绩和出现的问题进行了全面深入分析，对城市发展提出了针对性建议。

结合评估编制完成了《上海土地空间发展战略研究》、《上海市土地利用总体规划（2006—2020 年）》；启动了《上海市近期建设规划（2011—2015 年）》的编制，评估成果还广泛应用于住房、产业、交通、生态等领域的规划工作。上海市政府充分肯定这项评估工作的积极作用。

新课题，新成就
——评"中国 2010 年上海世博会规划"

上海世博会规划是一个崭新的课题。世博园区利用上钢三厂和江南造船厂搬迁后的原址及其相关联的黄浦江两岸狭长地带，是城市旧区的一部分。我国政府已向世界承诺：办成一届"成功、精彩、难忘"的世博会。世博会规划"课题新、要求高、难题多"，极具挑战性。

上海世博会规划，经过多轮方案征集和多方案比选，并借鉴以往世博会成功的经验，在大量专项研究的基础上最终完成并批准实施。规划包括园区总体规划、控详规划和专项规划等内容。规划文件、图册系统、深入、规范。规划突出中国特色、上海特点和浦江特征，统筹办博需要和后续利用，为办好上海世博会提供了一套完整的"蓝图"，也为城市可持续发展和整体功能的提升留下了空间。上海世博园区规划有以下创新点。

1. 规划以"生态世博、科技世博、人文世博"的理念，通过具象和意象的规划手段，全面演绎了"城市，让生活更美好"的世博主题。其中设置城市最佳实践区是一大创举。

2. 世博会期间约有 7000 万人次的总参观流量和不同时期、不同时段的交通需求，是世博会规划首要解决的一大难题。规划通过园区人流预测和模拟分析，按照合理的人流密度划定展区范围，并通过入口转移、打开水门、综合换乘、加强园区与城市交通系统的衔接等措施，构筑了多模式的现代复合交通体系，提升了交通服务等级。

3. 规划满足办博必须的各项公共建设和各国展馆建设的需要，提升参展空间环境品质，又充分考虑与城市发展相协调，超前谋划、准确定位、统筹安排，合理组织园区布局，形成以"园、区、片、组、团"5 个层次组成的"一主多辅"的空间格局。在建筑、环境、基础设施和土地利用 4 个方面，为后续利用和可持续发展奠定了基础。

4. 规划充分把握世博园区滨水的特点，把黄浦江作为世博会环境景观空间组织的重要载体，做好"水文章"。利用沿江地形，做好"绿文章"，绿化系统充分与展馆布置、黄浦江沿岸公共空间以及世博会周边环境相结合，营造了一个生态和谐、尺度宜人、环境优美的世博会空间环境。

5. 上海世博会所利用的江南造船厂原址，是我国近代民族工业的发祥地，承载着厚重的工业历史文化。规划保护、保留了江南造船厂、上钢三厂等具有历史文化价值的车间、仓库、办公等建筑物和构筑物，并结合办博予以合理利用，充分体现了人文世博和勤俭世博的思想，取得了很好的效果。

上海世博会规划，以科学的理念为指导，以深入的研究为基础，群策群力、锐意创新、追求卓越，受到政府、国际展览局和专家们的称赞，被评为上海市优秀城乡规划设计一等奖。

提升规划效能的范例
——评"上海宝山美罗家园大型居住社区控制性详细规划"

这是上海市第一批大型居住社区控制性详细规划，占地 5.7 平方公里，可居住 12.5 万人。该规划积极探索，勇于改革，着力创新，力求提升规划的效能，具有三个显著特点：

第一是先进合理的规划理念。"意在笔先"，规划理念决定规划的走向。其一，规划将新建社区与所依托的市镇作为一个整体统筹规划，道路网络、空间尺度、公共服务设施布局等，与市镇或相呼应，或相融合，新社区是新市镇的有机增长。其二，规划以社区和谐发展为要旨，重视规划范围内原有生态要素的保护。保留了原有水系的格局和有规模的树木群落，将其纳入详细规划系统之中，力求社区建设与自然生态和谐发展。其三，规划以人为本，针对新社区居住人群层次多元的特点，合理布局公共服务设施，公平享有公共资源；努力营造社区特色，增强居民的归属感，新社区即新家园。以上规划理念体现了社区建设的内在规律，对提升规划效能具有引领作用。

第二是改革规划编制方法。在规划编制阶段，区政府即成立了新社区建设指挥部同步推进建设。根据建设推进计划，为满足土地储备、开发建设和规划实施管理的需要，规划一改以往规划编制模式，创新为"全过程动态编制、分阶段深化优化"的做法。一是编制过程分为规划方案征集、详细规划定稿、核心区深化设计三个阶段，按计划有序深化优化规划内容、完善规划成果。二是规划编制与土地储备相衔接，按照建设计划要求，在规划中落实了农民动迁安置基地选址。三是以详细规划为平台，组织了十个专项规划进行深化，并由详细规划团队牵头，各相关规划团队持续协调、磨合，将规划落到实处。规划编制过程与新社区建设推进过程紧密结合，从而提升了规划效能。

第三是完善、精细的规划成果。该规划除提供了依法规定的成果外，还编制了新社区城市设计、风貌规划、地名规划等成果。城市设计包括社区总体和核心区两部分，分别转化为控制性详细规划附加图则。风貌规划研究归纳出住宅和公建设计、社区和道路景观设计四类规划导则。地名规划体现了对该地区历史的记忆和对未来发展的期望。这一套完善精细的规划成果，进一步提升了新社区特色和环境品质，也为规划实施管理提供了充分的操作依据。

该规划上述特点使其在同类规划评比中脱颖而出，被评为 2011 年度上海市优秀城乡规划一等奖，可谓实至名归。

具有现实指导意义的规划研究
——评"湖北省小城镇发展的微观动力机制研究"

这是一份难得的有现实指导意义的规划研究项目。

为积极稳妥推进城镇化，提升城镇发展质量和水平，针对湖北小城镇发展中的问题，进行了该项研究，为城镇政策制定提供技术支持，为小城镇建设发展提供指导。

研究面临的首要困难是小城镇和乡村层面缺乏统计数据，必须以"田野调查"的方法取得第一手资料，在此基础上分析研究，形成研究成果。研究成果包括基础研究、机制研究、策略研究、延伸要件，并附有详实的调查报告和有关研究资料。

研究的特色与创新：一是研究方法的创新，首先建立了"一条主线、五个要素、七个部分"的工作框架；其次调研样本遍及全省不同地区，不同产业功能的 57 个小城镇；第三，组织 63 位调研人员对市县政府建设主管部门、乡镇政府、乡镇企业、乡镇居民、村干部和村民访谈以及通过问卷调查，掌握大量的一手资料；第四，建立了湖北省村镇发展基础数据库。

二是研究内容的创新：总结了小城镇发展五大影响因素，解析了小城镇发展五大动力机制，研制其发展趋势，以创新推动小城镇发展。

三是研究成果的创新：使用情景规划方法，借鉴经济学供需分析方法，对湖北省城镇化发展情景进行模拟，为政府提供政策决策依据，建立了基于人口迁移意愿和成功概率的人口城乡迁移模型，为省域城镇化政策制定提供了技术支持。

本研究成果得到了湖北省住房和城乡建设厅和国家住房和城乡建设部专家的高度评价。研究提出了小城镇发展策略和制度建设已经得到部分落实。对县市城镇体系规划的编制提供了技术支持，湖北省住房和城乡建设厅对该课题成果验收证明中认为："分析研究符合实际，所提出的研究结论对于指导湖北省小城镇建设和推进城镇化健康发展具有积极的指导意义。"

城乡规划实务讲座

规划师继续教育要讲求实效

根据有关规定，"注册城市规划师每次注册有效期为三年"。"再次注册者，应经单位考核合格并有参加继续教育、业务培训的证明"。"注册城市规划师每年参加继续教育的时间累计不得少于 40 学时"。继续教育是注册城市规划师的"加油站"，对于更新知识、提高业务水平十分必要，是一件好事。但是，把好事办好也不容易，万万不可流于形式。继续教育要取得实效，需要提高对继续教育的认识，做好继续教育的组织工作。

一、充分认识继续教育的必要性

城市规划的编制与实施，是一项靠人去完成、去组织的创造性活动。人的思想、素质和能力关系到城市规划工作的水平和成败。人的思想、素质和能力的提高是一个自觉积累和升华的过程。继续教育为城市规划师提供了更新知识和观念，提高业务素质和能力的平台。城市规划师应当充分认识继续教育的必要性，自觉地参加继续教育培训。

当今社会已经进入信息社会，科学技术迅猛发展，信息和技术急剧膨胀，创新频率大大加快，知识更新周期不断缩短，学习科学技术知识不能仅靠学校教育，还应当通过个人自觉的终身学习来获取。在市场经济条件下的城市规划实践中，我们已经深切地感受到，如果不及时地掌握最新的相关科学技术，难以提高城市规划的科技含量，从而会降低城市规划项目的质量，长此以往，最终会丧失我们赖以发挥聪明才智的职业空间。因此，参加继续教育应当成为每一位注册城市规划师自觉的要求和愿望。

城市规划又是一项城市政府的公共管理职能，每位城市规划师要密切地关注政府的行政要求，要深刻理解党和政府相关的方针政策，深入把握其核心、实质，并切实地体现到城市规划项目中去，实现科学地指导城市建设和管理的目的；也惟其如此，对于偏离城市建设正确方向行为的纠正，才能具有说服力。因此，继续教育的内容不仅包括科学技术知识，还应当包括相关法律规范和方针政策。在当前，党和政府提出了科学发展观，建设资源节约型、环境友好型社会，构建和谐社会，建设社会主义新农村等一系列战略决策，无一不与城市规划息息相关，城市规划面临着许多新情况、新问题。解决这些问题，仅仅依赖传统的思想观念和思维方式已经难以奏效了，需要从深入学习、领会相关方针政策的内涵中，寻求规划的理念和思路。因此，注册城市规划师继续教育也是与时俱进的形势和任务的要求。

二、精心组织继续教育工作

注册城市规划师的继续教育不是权宜之计，而是一项长期的任务。2006年，胡锦涛总书记在全国科学技术大会上，宣告了党中央、国务院建设创新型国家的决策，指出了建设创新型国家核心是增强自主创新能力，走出中国特色的自主创新道路。要把增强自主创新能力作为国家战略，贯穿到现代化建设的各个方面，激发全民族的创新精神，培养高水平的创新人才。培养高水平的城市规划创新人才，既是学校教育的任务，也是贯穿继续教育始终的着力点之一。继续教育任重而道远，需要统筹规划、精心组织。

全国城市规划执业制度管理委员会已印发了《注册城市规划师继续教育实施办法（暂行）》（以下简称《办法》），对继续教育的组织安排作出了规定，现就执行上述《办法》中的相关规定，提出如下建议：

1.根据需求确定培训内容。由于全国各地情况不同，对继续教育的需求也不一样；即使用在同一个地方，由于注册城市规划师从事的工作不同、自身的条件不一，也会有不同的需求。继续教育的内容，应该把握大多数人迫切的需求安排培训内容。要摸到这个底，事前需要通过各种方式和渠道进行调查。例如通过规划设计单位进行问卷调查；又例如总结分析城市规划项目审批或者评优活动中存在的问题等。摸清了对继续教育的需求，培训内容才有针对性，继续教育才有实效。

2.针对继续教育的特点组织培训。注册城市规划师的继续教育培训是在职培训。参加者都有城市规划实践的经验和问题；培训的目的是提高从业人员的素质，促进城市规划事业的科技进步。继续教育应当针对这一特点和要求，采取恰当的培训方式。例如除了讲课以外，还可以采取教学互动的方式，安排一定的讨论时间，使参加者更准确、深入地把握相关知识。又例如结合培训的内容，安排一定的案例分析，让参加者更直接地把握相关知识的应用，并把所学的知识应用于实践中。

3.明确培训目标，进行教育评估。为避免继续教育流于形式，进行教育评估很重要。教育评估，不仅对教学质量进行评估，更重要的是对继续教育的效果进行评估。为此，需要明确继续教育的一个周期和每个年度培训效果达到的目标。这需要根据城市规划业务的要求和行业现状分析确定，并逐次推进目标的实现。如果先行的目标未达到或未完全达到，之后的培训内容应当补充或调整，使继续教育的目的落到实处。

　　注册城市规划师全国性的继续教育工作即将推开，只要按照《办法》的规定要求，认真地对待继续教育工作，就会取得预期的效果。

（本文刊于 2007 年第 2 期《城市规划》）

城市规划依法行政（提纲）

一、依法行政概述

（一）行政的概念

（二）依法行政的意义

1.依法行政是依法治国的核心

2.保障人民权利的要求

3.履行行政管理职能的需要

（三）对依法行政内涵的理解

1.依什么法？

2.如何依法？

3.如何使依法行政得以实现？

（四）依法行政原则

1.行政合法性原则

2.行政合理性原则

3.行政效率性原则

4.行政统一性原则

5.行政责任性原则

6.行政公开性原则

二、城市规划依法行政概述

（一）城市规划行政特点及依法行政的必要性

1.公共性

2. 综合性

3. 政策性

4. 科学性

5. 地方性

（二）城市规划及其相关法律规范

1. 城市规划法律规范

2. 城市规划相关法律规范

（三）城市规划行政行为及其合法要件

1. 城市规划行政行为

（1）抽象行政行为：制定城市规划，制定行政规范性文件

（2）具体行政行为：规划许可、规划检查、行政处罚

2. 城市规划行政行为合法要件

（1）行政主体合法

（2）行政主体的权限合法

（3）行政行为内容合法、适当

（4）行政符合法定程序

（5）行政行为符合法定形式

三、依法制定城市规划的主体

（一）制定城市规划的主体

（二）制定城市规划的依据

1. 以《中华人民共和国城市规划法》确定的各项法律原则为依据；

2. 以城市规划有关法律规范为依据；

3. 以上一层次依法制定的城市规划为依据；

4. 以党和国家的方针政策以及城市政府的指导意见为依据。

（三）制定城市规划的内容

（四）制定城市规划的程序和成果

四、依法审批城市规划许可

（一）规划许可概述

1. 规划许可的概念

2. 规划许可分类

（1）资格许可：城市规划编制资质证书

（2）行为许可："一书两证"

3. 规划许可的效力

（1）证明力

（2）确定力

（3）拘束力

（二）依法审批"一书两证"

1. 审批主体及其权限

2. 审批依据

3. 审核内容

（1）建设项目选址意见书

（2）建设用地规划许可证

（3）建设工程规划许可证（含建筑工程、市政交通工程、市政管线工程）

4. 审批程序和形式

5. 完善城市规划许可依法行政工作

（1）提高城市规划管理人员的认识水平

①正确认识规划管理人员所扮演的"角色"

他是政府公务员，是"官方"代表；

他是行政活动的组织者和协调者，又扮演谈判者的角色；

他是规划管理信息的传递者，又参与规划决策。

②正确处理好几个关系：

服务与制约的关系

宏观管理与微观管理的关系

近期建设与远期发展的关系

城市建设与历史文化遗产保护的关系

专业和综合的关系

执行法律规范与自由裁量的关系

（2）完善规划许可制度

①健全规划许可审批依据；

②完善相应工作制度；

③注意研究规划许可制度的改革。

（3）加强规划部门依职能行政的力度

五、依法进行城市规划行政监督检查

（一）城市规划行政监督检查概述

1. 城市规划行政监督检查的概念

2. 城市规划行政监督检查的行为分类

（1）行政检查

（2）行政处罚

（3）行政强制执行

（二）行政检查

1. 行政检查的概念及其特点

2. 城市规划行政检查的分类

（1）依职权检查

（2）依申请检查（建设工程开工复验灰线，建设工程竣工规划验收）

（三）行政处罚

1. 行政处罚的概念及其特点

2. 行政处罚的原则

（1）处罚法定原则

（2）处罚与教育相结合的原则

（3）公开、公正的原则

（4）违法行为与处罚相适应的原则

（5）处罚救济原则

（6）受处罚不免除民事责任的原则

3. 违法建设的界定

4. 行政处罚的程序

（1）一般程序

①立案

②调查

③告知与申辩

④作出处罚决定

⑤处罚决定书的送达

（2）听证程序

①适用条件

②运作内容

5.行政处罚决定书的内容

（1）基本情况

（2）违法事实和证据

（3）处罚种类和依据

（4）处罚履行方式和期限

（5）不服从行政处罚的权利

（6）作出处罚行政机关的名称及盖章

（7）行政处罚日期

六、城市规划依法行政的法制保障

（一）城市规划行政的法制监督

1.国家机关的监督

（1）国家权力机关的监督

（2）国家行政机关的监督

（3）国家审判机关的监督

（4）国家检察机关的监督

2.社会公众的监督

（1）人民群众的监督

（2）民主党派、社会团体的监督

（3）新闻舆论的监督

（二）行政违法

1.行政违法的概念

2.行政违法的分类

（1）规定创制违法与具体行政行为违法

（2）行政实体违法与行政程序违法

（3）依职权的行政违法与依委托或授权的行政违法

（4）行政作为违法与行政不作为违法

（5）形式意义的违法与实质意义的违法

（6）内部行政违法与外部行政违法

3.行政违法的原因

（1）行政依据上的原因

（2）行政习性

（3）行政法律意识淡薄或变异

（4）功利的诱惑

（5）人情网、关系网和不当的"长官意志"干扰

4.行政违法的预防

（1）加强法律培训、增强法制观念，提高依法行政水平

（2）完善行政法制依据，提高法律权威

（3）建立有效的监督机制

（4）有效惩戒与适当奖励并用

（5）改善法律实施环境

七、行政救济

（一）行政救济的概念及其必要性

（二）行政复议

（三）行政诉讼

（四）国家赔偿

（本提纲是根据规划管理依法行政要求，针对不同管理岗位培训重点，

作者拟定的框架性担纲）

城市规划管理案例解析（提纲）

一、上海世博会园区规划建设

1. 背景：上海世博会主题。我国对世界的承诺。举办世博会对我国和城市发展的意义。世博园区区位特点。

2. 挑战：课题新、要求高、难度大，规划面临世博主题演绎、客流强度大、园区环境舒适度。两岸园区联系、旧区改建示范、后世博利用等诸多难题。

3. 对策：国际方案征集。前期专题研究。世博主题演绎思路。综合交通规划。园区布局结构。历史建筑保护、世博园区规划与城市规划相契合。采用先进的生态、科技手段。

4. 成效：兑现了我国举办世博会的承诺。为黄浦江两岸综合开发、转型发展提供了样板。为上海建设以文化功能为主导的城市公共活动中心奠定了基础。为我国和上海城市建设提供了丰厚的物质和精神财富。

5. 启示：城市重大事件对城市发展的助推作用。三分规划、七分研究。加强组织领导，整合各方力量和智慧攻坚。

二、里弄住宅历史片区保护的探索和演进

1. 背景：上海居住建筑历史文化。旧区改建面临的现状。

2. 过程：新天地更新改造。挑战与机遇。扩大保护效应。

3. 启示：榜样的力量。保护也是发展。促成共识是保护历史文化遗产的思想基础。

三、淮海中路、茂名南路地段城市更新的综合效益

1. 背景：旧区改造是持续的过程。区位特点。

2.项目：花园饭店、地铁一号线、巴黎春天商厦、商办楼、武警支队改造、某汽车修理厂改造。

3.成效：保护历史建筑，综合解决交通问题、统筹城市景观要求，协调矛盾促进商业街建设。

4.启示：注重综合管理，力求综合效益。

四、上海南站规划用地的违法建设的处理

1.背景：房地产业兴起。市区两级管理体制。区位特点。

2.过程：南站规划用地长期控制保留。违法建设制止无效。紧急报告果断处理。

3.启示：正确处理局部利益和整体利益的关系。重视管理体制、机制中的薄弱环节。

五、与时俱进的居住区规划建设

1. 1951 年建设的第一个工人新村——曹杨新村（全国）

2. 1959 年建成的第一个成街、成坊的新村——闵行一条街（上海）

3. 1965 年建成的第一个棚户区改建街坊——蕃瓜弄（上海）

4. 1980 年代建设的第一个大型居住区——曲阳新村（上海）

5. 1990 年代建设的第一个涉外居住区——古北新区（上海）

6. 2010 年开始建设的第一个大型居住社区（上海）

六、控制性编制单元规划的创新

1.背景：控规的地位和作用。控规编制中存在的问题。城市网格化管理在规划中的应用。

2.过程：规划酝酿。研究与借鉴。试行与立法。

3.要点：控制性编制单元的内涵。单元网络划分。规划控制要素分解。单元规划主要内容。

4.成效：保证了控制性详细规划的规范、有序编制。保障了城市总体规划的有效实施。

（本文是作者在同济大学建筑与城市规划学院城建干部培训班的讲座提纲）

漫谈建筑（提纲）

一、如何认识建筑？——揭示建筑的内涵与本质。

1. 建筑就是房子。——世俗的认识。

2. 建筑是技术与艺术的综合体。——报考同济大学建筑系认识。

3. 建筑是空间的构成。——聆听冯纪忠教授"空间理论"后的认识。

4. 建筑是一种文化形态。——参与历史文化遗产保护工作后的认识。

启示：认识是一个过程，并非一次完成。认识是无止境的。

二、如何学好专业？——针对学科特点。

1. 夯实基础。——基本知识、基本技能、基本方法。专业基础课的重要性。

2. 掌握原理。——原理是某一领域内具有普遍意义的基本理论。

3. 善于感悟。——学习举一反三，触类旁通。感悟比学知识重要。

4. 终身学习。——大学学习的局限性。科技发展，知识更新。建筑的综合性。

三、如何做好设计？——面对设计市场的竞争。

1. 追求卓越，遵守规范。——工作目标与原则。以城市规划与建筑设计关系为例。

2. 意在笔先，三思后行。——设计前的领悟与研究。以赖特的流水别墅和林缨的越战纪念碑为例。

3. 博览约取，与时俱进。——设计借鉴与发展。以贝聿铭的卢浮宫金字塔和苏州博物馆为例。

4. 言词达意，表述得体。——设计成果介绍与交流。以"八佰伴"方案评选和江上舟先生生前向领导汇报工作的"三三制"要求为例。

（本文是作者在上海大学建筑系的讲座提纲）

城市住宅建设

上海城市住宅百年录（1840~1949年）

1843年（清道光二十三年）上海开埠后，外国列强胁迫清政府签订《上海土地章程》，划出南至外滩洋泾浜（今延安东路）北至李家宅（今北京东路），西至界路（今河南中路）的830亩土地为英国人居留区域，并建造了许多西式住宅自住，华洋分居的状况由此形成。

1853年（清咸丰三年），小刀会起义，清军在镇压小刀会的过程中，焚烧了老城厢大量房屋，加之外地富豪、商贾纷纷逃往租界，住房严重紧缺。外国商人趁机建造简陋木板房屋出租牟利，这是上海最早出现的联立式住宅。后因木板房易引起火灾，被租界当局取缔。此时，立贴式砖木结构的老式石库门里弄住宅应运而生。

1919（民国8年），随着租界的扩展和民族工业的发展，为适应居民不同社会阶层的生活需求，开始出现了一种改良式的新式石库门里弄住宅和一批广式里弄住宅。此外，部分中外工厂主还利用工厂附近的廉价土地，建造了少量工房（后称旧工房），租赁给本厂职工及家属居住。

20世纪20年代末，上海的资本主义工商业有较大的发展，为适应社会对居住概念和口味上的变化，在新式石库门里弄住宅的基础上，演变出比较开敞的新式里弄住宅。1937年（民国26年）前后，又出现了花园里弄住宅。由于花园里弄住宅用地面积大，投资也大，遂又转向兴建集居型的公寓里弄住宅。花园里弄住宅和公寓里弄住宅居住对象多为富裕阶级和高级知识分子。

自从有了租界，西方各国不同风格的独院式花园住宅便开始引入上海。以后中国富裕阶层也随着仿效建造。20世纪30年代后，随着上海租界范围不断扩大，人口剧增，地价暴涨，房地产商为追求高额利润，纷纷投资房地产，沿淮海路、南京路等交通干道由东向西延伸，建造了许多高层公寓和花园住宅。

1927年（民国16年），由当时政府行政当局领导的上海市中心区域建设委员会成立，组织编制大上海都市计划。在此后六七年，在五角场一带开发建设大上海中心区，除若干大型公共设施外，还建造了一批供市政府职员住的住宅区。

抗日战争爆发后，上海租界成为"孤岛"，外地许多有钱人家纷纷逃到上海租界避难，人口比战前大增，出现严重房荒。此时，外国房地产商处于收歇状态，中国房地产商乘机崛起，里弄住宅迅速发展。1941 年太平洋战争爆发，日军进占租界，外国房地产公司及其房地产，均被日军管制。1945 年抗日战争胜利租界消失。之后，随着解放战争的胜利，国民党统治区经济日趋崩溃，房地产衰落，住宅建设处于停滞状态，广大市民居住十分困难。

由于战乱和灾荒，外地大量贫苦农民来上海谋生，因无力租赁房屋，便在河畔、车站、码头附近，以及工厂周围的空地上搭建棚户、简屋栖身。1928 年（民国 17 年）后，上海市民国政府当局为安抚民心，在全家庵（今临平北路）、斜土路、交通路、大木桥路、其美路（今四平路）、普善路和中山路（今中山北路）等处建造平民村。

根据《上海住宅建设志》所提供的资料，1949 年在当时市区 82.4 平方公里范围内，住宅面积 2359.4 万平方米，全市人均居住面积 3.9 平方米。在各类住宅中：

旧式里弄住宅 1242.5 万平方米，占 52.66%；

新式里弄住宅 469.0 万平方米，占 19.88%；

花园住宅 223.7 万平方米，占 9.48%；

公寓 101.4 万平方米，占 4.29%；

简屋、棚户 322.8 万平方米，占 13.68%。

此外，还有一定数量的明、清古老住宅等。

一、里弄住宅

上海古代有"五户为邻、五邻为里"的说法，并解释"弄，小路也"。故把成片建造、四周围合，以弄相连的住宅群体称为里弄住宅。上海的里弄住宅是在我国江南传统三合院住宅单体的基础上，受到西方城市成片开发的联立式住宅布局的影响下发展起来的。到 1949 年，上海旧区范围内有 9214 条里弄，里弄住宅达 20 万幢。

（一）石库门里弄住宅

石库门里弄住宅起源于 1870 年（清同治九年）前后，最早出现于英租界，其后流传于法租界、老城厢，几乎遍布全市，成为上海民居中一种重要类型。它是在最初的木板里弄房的基础上演变而成。这种住宅的正大门——石库门一般采用花岗石或宁波红砂石作门框，配上两扇黑漆实木大门，上有一副铜门环或铁门环；石门框上面砌有三角形、长方形或半圆形凹凸花纹的门头装饰。石库门里弄住宅布局的特点是，成片横向或纵向排列，群体布局紧凑，占地较为经济。从石库门进入住宅单元首先是天井，从客堂间以至各居室。

住宅后段为楼梯、后天井、厨房等服务性用房。石库门里弄住宅分为老式石库门和新式石库门两类，老式石库门又分为早期和后期两种。

1. 早期老式里弄住宅　1869（清同治八年）至1910年（清宣统二年）是早期老式石库门住宅的兴盛时期。里弄的规模不大，弄的布局极似江南城镇住宅中只供人行交通用的"备弄"。住宅的平面布置为双开间（一厅一厢），三开间（一厅两厢），也有少数为五开间的（当中是一个三开间的大厅，两旁为厢房）；后两者主要供商住之用。住宅结构为立帖式砖木结构。单元后段为私用的狭弄、厨房与服务性平房。在三开间和五开间的大型单元中，后段还有佣人或伙计住房或储藏间。

据历史资料记载，最早出现的老式石库门住宅有：

• 1852年（清咸丰二年）建于宝善街（今广东路）286~300弄的公顺里；

• 1872年（清同治十一年）建于宽克路（今宁波路）120弄的兴仁里；

• 1907年（清光绪三十三年）建于厦门路137弄及苏州路（今浙江中路）559~609弄的洪德里；

• 1910年（清宣统二年）建于大马路新大马头街（今中山南路）482弄的棉阳里，496弄的吉祥里，六大马路（今豆市街）119弄的敦仁里；

• 1914年（民国3年）建于汉口路271弄及河南中路271弄的兆福里。

2. 后期老式石库门住宅　1910（清宣统二年）至1919年（民国8年），后期老式石库门住宅比较兴盛。它较早期老式石库门里弄住宅有所改进：诸如弄堂适当放宽，宽者近3米，适宜于人力车通行；单体平面由原来的三或五开间变为单开间（只有一厅没有厢房）或双开间；住宅的通风、采光条件也有所改善；在栏杆、门窗、扶梯、柱头、发券等细部处理倾向于采用西方建筑的装饰手法等。

后期老式石库门里弄住宅现存较多，其中具代表性的有：

• 20世纪初建于河南路（今河南中路）80弄、广东路237弄、东棋盘街60弄的昌兴里；

• 1904年（清光绪三十年）建于西江路（今淮海中路）与赛尔蒂罗路（今兴安路）、贝勒路（今黄陂南路）与马浪路（今马当路）之间的宝康里；

• 1910年（清宣统二年）至1912年（民国元年）建于长滨路（今延安中路）1238~1256弄的慈厚南里；

• 1911年（清宣统三年）至1916年（民国3年）建于望志路110弄（今兴业路80弄）、贝勒路（今黄陂南路）374弄的树德北里；

• 1914年（民国3年）建于新闸路568~638弄，大田路（今大通路）464~546弄、463~553弄，西苏州路（今南苏州路）1463~1497号的斯文里；

• 1915年（民国4年）建于大马路（今南京东路）799弄的大庆里等。

3. 新式石库门里弄住宅　20世纪10年代末至40年代，新式石库门里弄住宅盛行，开发的规模较前扩大。究其原因，一方面其时上海人口已增至 200 万，住宅紧缺；另一方面早期的石库门住宅已不适应大家庭日益解体和人们住宅观念的变化需求，因而里弄住宅设计又有新发展。

新式石库门里弄住宅亦称改良式石库门里弄住宅。它既保持了原有石库门里弄住宅的形式，又逐渐采用砖墙承重甚至部分采用混凝土构件和新材料。由于当时木料大多采用进口的洋松，房屋开间和进深都有明确的尺寸，甚至标准化。建设规模也大大地扩大，有的占地整个街坊，形成条理分明的主弄和支弄。总平面布置更加注意朝向，弄堂宽度放宽至4 米以上，适宜汽车通过，支弄一般也在 3 米左右。住宅层高降低，楼层由二层增至三层，后段改为两层，厨房上面是亭子间，亭子间上面是可晾衣的露台。后段与前段之间的夹弄改为供采光与通风用的服务性后天井。外墙一般为清水墙。石库门框柱改汰石子、斩假石材料。室内开始装有卫生设备。房屋结构大多以砖墙承重替代立帖式结构。

新式石库门里弄住宅比较典型的有：

• 1912 年（民国元年）至 1936 年（民国 25 年）建于霞飞路（今淮海中路）567 弄的铭德里（今汉阳里）；

• 1920 年（民国 9 年）建于霞飞路（今淮海中路）358 弄的尚贤坊；

• 1923 年（民国 12 年）建于茂名北路 200~290 弄的震兴里、荣康里、德庆里；

• 1924 年（民国 13 年）建于福州路 726 弄的会乐里；

• 1925 年（民国 14 年）建于圣母院路（今瑞金一路）121 弄的高福里和马浪路（今马当路）306 弄的普庆里；

• 1928 年（民国 17 年）建于福煦路（今延安中路）913 弄的四明村；

• 1928 年（民国 17 年）建于大统路 97 弄的开明里；

• 1929 年（民国 18 年）建于延安中路 470、504、540 弄的念吾新村、多福里、汾阳坊；

• 1929 年（民国 18 年）建于界路（今天目东路）85 弄、爱而近路（今安庆路）366 弄的均益里；

• 1930 年（民国 19 年）建于福履理路（今建国西路）440、456、496 弄的建业里；

• 1930 年（民国 19 年）建于陕西南路 287 弄的步高里。

（二）广式里弄住宅

从 19 世纪末到 20 世纪 30 年代，上海里弄住宅建设，除以石库门里弄住宅为主外，又有广式里弄住宅的兴建。广式里弄住宅布局与广州市成为"毛竹筒"的城市住宅相近，其特点是住宅单元正厅的门临街（弄），没有天井。当时开发此类住宅的多为广东籍人与一部分在沪的日本人，故亦称"东洋房子"。广式里弄住宅又分老广式和新广式两种。

1. 老广式里弄住宅　老广式里弄住宅呈单开间联立，行列式布局，由于单元平面上没有石库门和前天井，进深相应缩减。立帖式砖木结构，建筑用料一般比石库门里弄住宅稍差，例如住宅正面有时采用木板墙。比较典型的老广式里弄住宅有：

- 杨浦区八埭头；
- 虹口区鸿安里；
- 黄浦区九江里和荣寿里。

2. 新广式里弄住宅　1919 年（民国 8 年）以后，出现了新广式里弄住宅。新广式里弄住宅基本上保持了老广式里弄住宅的形式，但是，压缩了住宅开间、进深和层高的尺寸，改进了单体平面、立面和剖面的设计，例如住宅正面改用砖墙，取消了后天井，增加了晒台等。比较典型的新广式里弄住宅有：

- 1937 年（民国 26 年）建于山阴路 112~124 弄的留青小筑；
- 1937 年（民国 26 年）建于山阴路 44 弄、64 弄的淞云别业；
- 杨浦区华忻坊；
- 普陀区兰安坊、南樱华里（新华南里）。

（三）新式里弄住宅

1924 年（民国 13 年）至 20 世纪 40 年代是新式里弄住宅的全盛时期，亦即新式里弄住宅逐渐取代石库门里弄成为上海住宅建设的主流时期。第一次世界大战结束后，许多外国商人到上海投资，社会上出现了一个比较庞大的中外白领阶层，要求解决住房；同时，国内部分比较富裕的中层阶段对旧式里弄住宅已不满足，向往居住于卫生条件较好、较为开敞与明亮的新式住宅。因此，20 世纪 20 年代之后出现了一批与之适应的新式里弄住宅。新式里弄住宅较之石库门里弄住宅有了很大的改善。在总平面布局上，总弄在 6 米左右，支弄在 3 米以上。住宅设计以房前一个小庭院取代了石库门四周围合的天井，并以矮墙或栏杆与弄堂分隔，通风、采光条件有了改善，还可以绿化。住宅多为三层，入口处设置小门厅，里面是起居室、卧室、餐厅、书房、壁橱、佣人间等，功能齐全。住宅内配置卫生设备、厨房，有的还有取暖设施。广泛采取新型建筑材料。基础开始采用钢筋混凝土，墙体多为机制红砖。建筑形式比较西化。

新式里弄住宅按其平面布置分为单开间、间半式和双开间三种，其中以单开间数量最多，反映了当时家庭结构的小型化趋势。

1. 单开间新式里弄住宅　单开间新式里弄住宅平面布置分三段：前段为正屋，中段为楼梯间、卫生间、后天井，后段为辅屋。较典型的单开间新式里弄住宅有：

- 1923 年（民国 12 年）建于吕班路（今重庆南路）205 弄的万宜坊；
- 1925 年（民国 14 年）建于北四川路（今四川北路）1943、1953、1963、1973 弄和窦乐安路（今多伦路）162、172、182 弄的永安里；

- 1928 年（民国 17 年）建于福煦路（今延安中路）887 弄的模范村；

- 1930 年（民国 19 年）建于海格路（今华山路）229、241、251、263、275、285 弄的大胜胡同；

- 1931 年（民国 20 年）至 1932 年（民国 21 年）分别建于山阴路 2 弄的千爱里，132 弄的大陆新村，165 弄的兴业坊和 208 弄的文华别墅。鲁迅、茅盾曾在大陆新村居住，内山完造曾在千爱里居住；

- 1933 年（民国 22 年）建于霞飞路（今淮海中路）927 弄的霞飞坊（今淮海坊）；

- 1938 年（民国 27 年）建于巨籁达路（今巨鹿路）820 弄的景华新村。

2. 间半式新式里弄住宅　间半式新式里弄住宅的平面布置为一大开间分隔为一宽一窄两部分，故称间半式。宽的部分为主要居室，窄的部分是门厅、楼梯间和辅屋。间半式新式里弄住宅较典型的有：

- 1930 年（民国 19 年）建于爱麦虞限路（今绍兴路）18 弄的金谷村；

- 20 世纪 40 年代建于四川北路 2388 弄的新绿里。

3. 双开间式新式里弄住宅　双开间式新式里弄住宅的开间较大（7.2~8 米），平面布置一般分前后两段。前段为两个主要房间，后段布置随楼梯安排而变化。较典型的双开间新式里弄住宅有：

- 1927 年（民国 16 年）建于愚园路 361 号的愚谷村；

- 1925~1929 年（民国 14~18 年）建于亚尔培路（今陕西南路）39~45 弄的凡尔登花园、白费利花园（今长乐村）；

- 1930 年（民国 19 年）建于长乐路 764 弄的杜美新村（今长乐新村）；

- 1931 年（民国 20 年）建于嘉善路 131~143 弄的甘村；

- 1928~1932 年（民国 17~21 年）建于静安寺路（今南京西路）1025 弄的静安别墅；

- 1933 年（民国 22 年）建于福煦路（今延安中路）424 弄的福明村；

- 1936 年（民国 25 年）建于重庆南路 169 弄的巴黎新村；

- 1936 年（民国 25 年）建于愚园路 395 号的涌泉坊；

- 1939 年（民国 28 年）建于蒲石路 613 弄的沪江别墅；

- 1939 年（民国 28 年）建于淮海中路 1487 弄的上海新村；

- 1939 年（民国 28 年）建于善钟路（今常熟路）104、108、112、116、120 弄的荣康别墅；

- 1941 年（民国 30 年）建于嘉善路 169 弄的翠竹乡；

- 1941 年（民国 30 年）建于建国西路 506 弄的懿园；

- 1941 年（民国 30 年）建于淮海中路 1670 弄的中南新村；

- 1947 年（民国 36 年）建于法华路（今新华路）73、74 弄的红庄；

- 1937~1948 年（民国 26~37 年）建于富民路 182 弄的裕华新村。

（四）花园里弄住宅

花园里弄住宅始建于 19 世纪末，最初是一些外商为了解决自己洋行中的高级职员的住房需要而建，20 世纪 20 年代前后，开发商以满足日益增加的外国驻沪人员与中国富裕阶层的需要有了较大的发展；20 世纪 30 年代后建造量更大。其布局、设计、结构更趋现代化。花园里弄住宅的特点是，建筑密度较石库门里弄低，不仅弄道较宽，并有较为开放的宅前绿地。住宅单体采用两户并立或多户联立的形式。每户有主次两个出入口，在并立式的则有三个出入口。内部楼梯亦有主人用的与服务用的两种。室内功能及设备齐全，大多建有壁炉。在早期，结构多为砖木结构，后期则为混合结构。花园里弄住宅分为早期和后期两种形式。

1. 早期花园里弄住宅　1925 年（民国 14 年）以前建造的花园里弄住宅，规模一般不大，宅前的院子进深也不大，一般约 5~10 米不等。庭院较小，住宅以并立式居多，结构为砖木结构。平面布局类似后来的新式里弄住宅中的间半式，但却大得多。外墙多为红色或红灰相间的清水墙；正面有砖砌的连续券廊。较典型的早期花园里弄住宅有：

- 1907 年（清光绪三十三年）建于爱文义路（今北京西路）707 弄的王家花园；
- 1910 年（清宣统二年）建于格罗希路（今延庆路）4 弄的花园里弄住宅；
- 1911 年（清宣统三年）建于四川北路 1831 弄的赫林里（今柳林里）；
- 1911 年（清宣统三年）建于奉贤路 68 弄的 40~52 号、80~92 号花园里弄住宅；
- 1914 年（民国 3 年）建于狄思威路（今溧阳路）1156 弄的花园里弄住宅。

2. 后期花园里弄住宅　20 世纪 20 年代以后建造的花园里弄住宅，因为既要有绿化，又要考虑充分利用土地，故住宅布局有独立式也有并立式的，还有联立式的。弄内道路大多结合花园和地形呈自由式布局，形态比较丰富。住宅面宽也不完全一样（大者有 15 米左右）。建筑结构多采用混凝土构件。外墙部分用砖，但较多是粉刷的。较典型的后期花园里弄住宅有：

- 1924 年（民国 13 年）建于泰安路 120 弄的卫乐园；
- 1925 年（民国 14 年）建于和寺路（今新华路 7211）弄和 329 弄的"外国弄堂"；
- 20 世纪 30 年代建于霞飞路（今淮海中路）1754 弄的花园里弄住宅；
- 1930 年（民国 19 年）建于雷米路（今永康路）175 弄内的花园里弄住宅（今称太原小区）；
- 1934 年（民国 23 年）建于福履理路（今建国西路）365 弄的福履新村；
- 1934 年（民国 23 年）建于淮海中路 1818 弄的 1~8 号住宅；
- 1935 年（民国 24 年）建于五原路 205 弄的来斯南村；
- 1937 年（民国 26 年）建于愚园路 1088 弄的宏业花园；
- 1938 年（民国 27 年）建于威海卫路（今威海路）727 弄的威海别墅；

- 1938~1939 年（民国 27~28 年）建造的霞飞路（今淮海中路）1285 弄的上方新村；
- 1938~1941 年（民国 27~30 年）建于霞飞路（今淮海中路 1285 弄）的沙发花园（今称上方花园）；
- 1941 年（民国 30 年）建于福履理路（今建国西路）506 弄的懿园；
- 1941 年（民国 30 年）建于富民路 210 弄 2~14 号、长乐路 752~762 号的花园里弄住宅；
- 1942 年（民国 31 年）建于市光路 133 弄的"三十六宅"；
- 1942 年（民国 31 年）建于蒲石路（今长乐路）570 弄的蒲园；
- 1943 年（民国 32 年）建于祥德路 21 弄的祥德村；
- 1948 年（民国 37 年）建于泰安路 115 弄的住宅。

（五）公寓里弄住宅

公寓里弄住宅大多建于 1931~1945 年（民国 20~34 年）。其时，由于上海地价昂贵，有些房地产商从建造花园里弄住宅转向建造公寓里弄住宅。其特点是，总体布局比较紧凑，弄内绿地由分散到比较集中，以至成为公共绿地。各幢公寓外不设围墙，由总弄大门出入。公寓单体有独立式和联立式，建筑造型崇尚西化。平面设计以一梯两户至四户居多。室内布置讲究适用，居室面积较小，较多采用壁橱。室内设备较好，有的还装置暖气。居室前面常有较深的凹阳台。由于受到当时建筑材料、营造技术限制，多数为砖木或混合结构。建筑层数多为三至四层。比较典型的公寓里弄住宅有：

- 1914~1945 年（民国 3~4 年）建于江西中路 135 弄 1~13 号的恒业里；
- 1916 年（民国 5 年）建于霞飞路（今淮海中路）1272 弄和辣斐德路（今复兴中路）1380 弄的新康花园（其北半段属花园里弄住宅）；
- 1919 年（民国 8 年）建于重庆南路 177 号、179 弄 1~10 号的永丰村；
- 1929 年（民国 18 年）建于复兴中路 1363 号的克莱门公寓（今玉门公寓）；
- 1931 年（民国 20 年）建于静安寺路（今南京西路）1173 弄的花园公寓；
- 1933 年（民国 22 年）建于施高塔路（今山阴路）41 弄的紫苑庄；
- 1940 年（民国 29 年）建于亚尔培路（今陕西南路）151~187 号的亚尔培公寓（今陕南村）；
- 1941 年（民国 30 年）建于煦华德路（今东长治路）1047 弄的茂海新村；
- 1947 年（民国 36 年）建于西爱咸斯路（今永嘉路）580 弄的永嘉新村。

二、独立式花园住宅

上海花园住宅的发展，大体经历了三个阶段：上海开埠伊始，外国商人即在黄浦江与苏州河沿岸建造一些四坡顶的"洋房",光绪二十七年随着租界扩张,花园住宅日渐增多;第一次世界大战后,经济复苏和繁荣,出现了花园住宅高峰期,分布范围随着租界和越界筑路的扩张向西发展;1946年(民国35年)后,由于通货膨胀,巨贾豪富转向兴建花园住宅,这已是上海花园住宅发展的尾声。

上海的花园住宅建设和分布与租界的扩展有密切的关系。早期集中在外滩附近及虹口区昆山路一带,其后随着租界的扩张和越界筑路由东向西扩展,多集中在徐汇、长宁等区。到1949年,上海各种独立式花园住宅有160余万平方米,具体分布如下:

徐汇区62.4万平方米,占39%;

长宁区46.4万平方米,占29%;

卢湾区14.4万平方米,占9%;

静安区12.8万平方米,占8%;

虹口区11.2万平方米,占7%;

其他各区12.8万平方米,占8%。

伴随着花园住宅在租界地区的建设,许多外国居住者将本国的住宅建筑形式引入上海,形成了犹如"住宅建筑博览会"的局面。就其建筑量分析,早期出现的花园住宅大多仿照西方古典复兴中的所谓文艺复兴式;中期,较多出现的是英国乡村式和西班牙式;后期,随着建筑理论的发展和科技进步,较多出现的是现代式。此外,有仿古典或古典主义的;或带有不同国家特色的文艺复兴式,如法国文艺复兴式、美国文艺复兴式、德国文艺复兴式或英国帕拉第奥式等;还有仿哥特式的,甚至仿中国古典式的等,在各时期均有。由于是仿效,就多少有点混杂。故总的来说,混有多种样式的混合式占多数。以下花园住宅样式的归类,仅以某一种样式特征比较明显的归作一类,带有两种以上样式特征但难以归入某种样式则纳入混合样式。

(一)仿古典式

所谓仿古典式花园住宅,大多模仿欧洲古典主义建筑样式,建筑主立面对称布局,底层呈台基状,有高大的柱式,入口处高大,有的顶部有山花等;也有少数模仿中国古典建筑样式的,建筑对称且有大屋顶。这类住宅比较典型的有:

• 1900年(清光绪二十六年)建于淮海中路1517号的盛宣怀住宅(原为德国人住宅,今为日本领事馆);

• 20世纪20年代建于瑞金二路118号的马立斯住宅(今瑞金宾馆1号楼),为英国古典式府邸,假三层建筑,红瓦四坡屋顶,清水红砖墙,转角设隅石,前后入口有塔司干式双柱柱廊,山墙及二层部分外露深色木构架;

• 1921年(民国10年)建于淮海中路1469号的花园住宅(今美国领事馆),两层建筑,立面对称,南立面有两层柱式长廊中央部位顶部有山花;

- 1919~1924 年（民国 8~13 年）建于延安西路 64 号的嘉道理住宅（今为市少年宫），建筑物两层，对称布局，入口处有仿爱奥尼式柱廊。两旁为通长廊，两层前部有大阳台。内部装修多用大理石为饰，故又称"大理石大厦"；

- 1924 年（民国 13 年）建于瑞金二路 118 号的三井洋行大班住宅（今瑞金宾馆 4 号楼），两层建筑，红砖清水墙，南立面为连续券柱廊，东入口设拱券门廊，旁有三层穹顶塔楼，孟沙式红瓦屋顶，为法国古典式花园住宅；

- 1928 年（民国 17 年）建于延庆路 130 号的法国古典式住宅，三层建筑，逐层退台，两三层栏杆有花盆装饰，拱形窗锁石上有浮雕头像；

- 1931 年（民国 20 年）建于淮海西路 338 号的佛兰克林住宅（今空军 455 医院），为美国南部庄园式古典住宅；

- 1931 年（民国 20 年）建于巨鹿路 675~681 号刘吉生住宅（今作协）；

- 1934 年（民国 23 年）建于淮海中路 1800 号的住宅；

- 1935 年（民国 24 年）建于兴国路 12 号的太古洋行大班住宅（现为兴国宾馆 1 号楼），两层建筑，对称布局，两层柱廊，为英国乔治时期的帕拉第奥式住宅；

- 20 世纪 30 年代建于新华路 200 号的仿中国古典式住宅。

（二）文艺复兴式

文艺复兴式住宅立面分层设计，带有形式不同的叠层柱式，圆券窗洞。文艺复兴式住宅又分法国文艺复兴式（孟沙式屋顶，多有宝瓶式栏杆）、意大利文艺复兴式（平屋顶）、英国文艺复兴式（窗无券）等，文艺复兴式住宅比较典型的有：

- 1905 年建于汾阳路 79 号的原法租界某局总董官邸（今为上海工艺美术研究所），两层建筑对称布局，另有半地下室，外有双抱露天大楼梯上至底层，宝瓶式栏杆，为法国文艺复兴式住宅；

- 1910 年建于黄陂南路 25 号的瑞康洋行关办住宅（今储能中学分部）；

- 20 世纪 20 年代建于香山路 6 号的法国文艺复兴式住宅，三层建筑，南立面对称；中部一、二层为连续券柱廊，顶部退为平台。四坡瓦屋面，挑檐，檐下有木支托；

- 1925 年（民国 14 年）建于环海中路 1110 号的住宅，立面对称，中部为两层叠柱式敞廊；

- 1926 年（民国 15 年）建于南京西路 1131 号的旅沪德侨住宅（郭宅，今市外办），三层建筑，分层窗券形式不同，立面对称，南立面中部为叠层柱式敞廊，柱式形式不一，为法国文艺复兴式住宅；

- 1926 年（民国 15 年）建于淮海中路 1131 号的席式住宅（今达芬奇咖啡吧），三层建筑，东南角逐层退台，巴洛克式山墙露木构架，红瓦陡坡大屋顶，转角后屋顶设德式小木塔，为德国文艺复兴式住宅；

•1928 年（民国 17 年）建于太原路 160 号的逊百克洋行住宅（今太原别墅），假三层建筑，南立面中央柱式敞廊，孟沙式屋顶，北面有圆锥屋顶塔楼，为法国文艺复兴式住宅。

（三）英国乡村式

英国乡村式住宅多为二层，有比较陡峭的坡顶，清水墙面外露木屋架结构，屋顶有砖砌烟囱，比较典型的有：

• 19 世纪末建于华山路 849 号的李鸿章住宅（今丁香花园）；

•1924 年（民国 13 年）建于复兴西路 199 号的住宅；

•1925 年（民国 14 年）建于新华路 231 号的住宅；

•1925 年（民国 14 年）建于新华路 211 弄 2 号的李佳白住宅；

•1928 年（民国 17 年）建于武康路 99 号的原英商正广和洋行大班住宅；

•1928 年（民国 17 年）建于岳阳路 319 号的法商住宅（今中国科学院上海分院），英国前首相撒切尔夫人、朝鲜前首相金日成曾来此访问；

• 20 世纪 20 年代建于延安中路 810 号的英侨住宅；

• 20 世纪 20 年代建于兴国路 72 号的住宅（今兴国宾馆 2 号楼）；

•1930 年（民国 19 年）建于巨鹿路 852 弄的 1~8、10 号住宅；

•1930 年（民国 19 年）建于淮海中路 1276~1292 号住宅；

•1930 年（民国 19 年）建于新华路 185 弄 1 号的住宅（今安徽省驻沪办招待所），双陡坡瓦屋顶，棚式老虎窗；

•1930 年（民国 19 年）建于虹桥路 2310 号的住宅（今置地集团）；

•1930 年（民国 19 年）建于虹桥路 2275 号的住宅；

•1930 年（民国 19 年）建于新华路 315 号的住宅（今长发集团）；

•1930 年（民国 19 年）建于巨鹿路 868~892 号的住宅；

•1930 年（民国 19 年）建于复兴西路 193 号的住宅（今房屋研究所）；

•1932 年（民国 21 年）建于乌鲁木齐南路 64 号的住宅（今徐汇区体育运动委员会）；

•1932 年（民国 21 年）建于虹桥路 2419 号的沙逊别墅（今为龙柏宾馆 1 号楼）；

•1936 年（民国 25 年）建于永嘉路 389 号的比商路易士洋行住宅；

•1936 年（民国 25 年）建于永嘉路 383 号的孔祥熙住宅，为带有美国乡村式样的美国式住宅。

（四）西班牙式

西班牙式花园住宅的特点是建筑造型简洁，细部处理精巧。坡顶屋面较平缓，覆以土红筒形瓦，檐口处有连续带状齿形装饰。拱形门洞，设置螺旋式立柱。采用花铁栅漏窗及阳台栏杆。室内多用盘旋式楼梯。比较典型的西班牙式花园住宅有：

- 20 世纪 20 年代建于思南路 39~41 号的住宅（今市文史馆）；
- 1921 年建于淮海中路 1431 号的巴塞住宅（今法国领事馆），带有西班牙建筑风格；
- 1930 年（民国 19 年）建于北京西路 1220 弄 2 号的望德堂；
- 1929~1931 年（民国 18~20 年）建于延安中路 264 号的孙科住宅（今生物制品研究所）；
- 1932 年（民国 21 年）建于复兴西路 19 号的住宅；
- 1932 年（民国 21 年）建于毕熊路（今汾阳路）45 号的丁贵堂官邸（今海关专科学校）；
- 20 世纪 30 年代建于武康路 117 弄 2 号的住宅；
- 1932 年（民国 21 年）建于永福路 52 号的布哈德住宅（今永乐影视集团）；
- 1932~1933 年（民国 21~22 年）建于武康路 40 弄 1 号的住宅（董大酉设计）；
- 1934 年（民国 23 年）建于延安西路 2558 号的住宅（今工人疗养院）；
- 1936 年（民国 25 年）建于安亭路 44 号的住宅；
- 1936 年（民国 25 年）建于新华路 329 弄 17 号的住宅；
- 1930~1940 年（民国 19~29 年）建于复兴西路 62 号的修道公寓（今湖南街道办事处）；
- 1941~1942 年（民国 30~31 年）建于永福路 151 号的住宅（今德国领事馆）；
- 1942 年（民国 31 年）建于太原路 200 号的住宅；
- 1942 年（民国 31 年）建于淮海中路 1610 弄 1~8 号的逸村；
- 1943 年（民国 32 年）建于天平路 40 号的住宅（今文艺医院）。

（五）现代式

所谓现代式花园住宅，是伴随着西方建筑理论的发展和科学技术的进步，或表现空间的变化与渗透，或强调材料的表现力，或注重功能的要求，或根据地形和环境特点而设计的具有现代化特征的花园住宅。比较典型的有：

- 1920 年（民国 9 年）建于瑞金二路 118 号的 3 号楼（今瑞金宾馆）；
- 1925 年（民国 14 年）建于新华路 329 弄 36 号的住宅（由达邬克设计，圆形平面，立面简洁，外露结构框架，平缓的攒尖红瓦顶）；
- 1930 年（民国 19 年）建于新华路 483 号的住宅（今长宁区医保办公室），具有自由流畅的平面和造型；
- 1934 年（民国 23 年）建于北京西路 1310 号的贝宅（今中信公司）；
- 1934~1937 年（民国 23~26 年）建于哈同路（今铜仁路）333 号的吴同文住宅（今上海市城市规划院）；

- 1929 年、1934 年、1935 年（民国 24 年）分三批建于长宁路 712 弄的兆丰别墅；
- 1936 年（民国 25 年）建于余庆路 190 号的住宅（今市机关幼儿园）；
- 1936 年（民国 25 年）建于岳阳路 170 弄的 1 号楼；
- 1936 年（民国 25 年）建于青海路 44 号的住宅（今岳阳医院门诊部）；
- 1939 年（民国 28 年）建于高安路 25 号的住宅；
- 1939 年（民国 28 年）建于高安路 18 弄 1 号的荣德里住宅（今徐汇区少年宫）；
- 1940 年（民国 29 年）建于吴兴路 87 号的丽波花园（今市体育运动研究所）；
- 1940 年（民国 29 年）建于高安路 6 弄 1 号的花园住宅；
- 1941 年（民国 30 年）建于余庆路 80 号的住宅；
- 1945 年（民国 34 年）建于泰安路 76 弄的亦村；
- 1947 年建于华山路 893 号的郭棣活住宅；
- 1947 年建于绍兴路 74 号的张群住宅（今文艺出版总社）；
- 1948 年（民国 37 年）建于爱克路（今淮阴路）200 号的姚有德住宅（今虹桥迎宾馆）；
- 1948 年（民国 37 年）建于建国西路 618 号的王时新住宅（今波兰领事馆）。

（六）其他样式

- 1898 年建于汾阳路 9 弄 3 号的住宅（今海关俱乐部）是现存上海最古老的独立式花园住宅，木结构，水平木板墙，南面设方柱敞廊，四面坡屋顶，四面均有翘檐老虎窗；
- 1911 年（民国元年）建于岳阳路 1 号的美孚大班住宅；
- 1915 年（民国 4 年）建于宝庆路 22 号的住宅，带有装饰艺术派风格；
- 1917 年（民国 6 年）建于安福路 284 号的住宅（今上海话剧艺术中心），带有德国住宅风格；
- 1920 年（民国 9 年）建于淮海中路 1843 号的住宅（今宋庆龄故居）带有德国建筑风格；
- 1921 年（民国 10 年）建于东平路 11 号的宋子文住宅，带有荷兰建筑风格；
- 1922 年（民国 11 年）建于岳阳路 44 号的住宅（今音像馆）；
- 1922 年（民国 11 年）建于华山路 1731 号的住宅（今阳光世界俱乐部），为法国式住宅；
- 1923 年（民国 12 年）建于淮海中路 1897 号的住宅，带有地中海建筑风格；
- 1923 年（民国 12 年）建于康平路 205 号的住宅（今徐汇区老干部局），带有巴洛克建筑风格；
- 1924 年（民国 13 年）建于多伦路 250 号的伊斯兰建筑风格的花园住宅；
- 1924 年（民国 13 年）建于其昌楼路 316 号的吴妙生住宅，为江南四合院式民居；

• 1925 年（民国 14 年）建于新华路 179 号的住宅（今新华路警署），假三层，南立面入口处为三角形山墙，二层以上外露黑色木构架，与框架成一体，为德国式住宅；

• 1928 年（民国 17 年）建于建国西路 388 号的住宅，带有北欧建筑风格；

• 1928 年（民国 17 年）建于岳阳路 145 号宋子文住宅（今市老干部局），三层建筑，南立面对称，低层敞廊，孟沙式屋顶，覆以鱼鳞瓦片，为法国式住宅；

• 1928 年建于永嘉路 501 号的住宅（今市老干部局），为德国城堡式花园住宅，带有圆锥屋顶的转角塔楼；

• 1929 年（民国 18 年）建于巨鹿路 889 号的英式双联花园住宅（今南鹰宾馆）；

• 1930 年（民国 19 年）建于高安路 39 号的住宅，带有德国住宅风格；

• 1930 年（民国 19 年）建于威海路 412 号的邱氏住宅，为欧洲城堡式花园住宅；

• 1930 年（民国 19 年）建于华山路 1076 号、1100 弄、1120 弄的住宅，为德国式住宅；

• 1930 年（民国 19 年）建于高安路 63 号的住宅，具有地中海建筑风格；

• 1912~1932 年（民国元年 ~21 年）建于愚园路 1320 号新华村（今长宁区政府）四幢花园住宅；

• 1932 年（民国 19 年）建于东平路 9 号的两幢花园住宅（今音院附中），为一般法国式住宅，其中甲楼蒋介石曾住过，又名爱庐；

• 1932 年（民国 21 年）建于五原路 314 号的住宅（今中福会）；

• 1932 年（民国 21 年）建于武康路 390 号意大利总领事住宅（今汽车工业公司），具有地中海式花园住宅风格；

• 1930~1934 年（民国 20~24 年）建于愚园路 1136 号的王伯群住宅（今为长宁区少年宫），主体建筑四层，呈对称布局，为维多利亚歌德样式；

• 1936 年（民国 25 年）建于建国西路 329 弄 17 号的住宅，二层建筑，水泥砂浆仿壁板外墙，入口设门廊，为美国风格住宅；

• 1948 年（民国 37 年）建于乌鲁木齐南路 151 号的朱敏堂住宅，假三层建筑，水泥砂浆壁板式外墙、入口设门廊，为美国风格住宅。

（七）混合式

混合式花园住宅并不存在典型样式，而是两种以上不同建筑样式的组合，比较典型的有：

• 1925 年（民国 14 年）建于永嘉路 630 号的住宅，门洞采用哥特式建筑平尖券，粗短柱又带有新罗马风；

• 1930 年（民国 19 年）建于亚尔培路（今陕西南路）30 号的马勒住宅，建筑以哥特式风貌为主，并加一北欧式塔楼，建筑屋面盖以中国琉璃瓦，室内装饰为巴洛克风格；

• 1933 年（民国 22 年）建于福煦路（今延安中路）876 号的严同春住宅（今仪表局），

三层建筑，采取中国两进四合院布局，西方建筑样式，并装饰有中国传统方案；

• 1934 年（民国 23 年）建于北京西路 1301 号的贝宅，带有装饰艺术派风格，细部装饰采用中国建筑符号；

• 1936 年（民国 25 年）建于华山路 229~285 弄内的德拉蒙德住宅（今农场局），建筑中段带有装饰艺术派风格，两侧又有英国乡村式住宅式样；

• 1940 年（民国 29 年）建于乌鲁木齐中路 310 弄 3 号的住宅，带有装饰艺术派风格，又带有中国传统装饰；

• 1943 年建于武康路 117 弄 1 号的住宅，立面既有尖券柱廊，又有连续半圆形拱券门洞，局部还有螺旋式西班牙立柱。

三、高层公寓

上海的高层公寓始建于 20 世纪 20 年代，至 20 世纪 30 年代进入兴盛时期。这是由于上海地价暴涨，土地极为宝贵，房地产商建造高层公寓，可以在有限的土地上获得更多的建筑面积，以牟取高额利润。此时的建筑材料、施工技术和建筑设备的发展，也为建造高层公寓提供了必要的条件，高层公寓主要集中在租界范围内，至 1949 年，上海共建造八层以上的高层公寓 42 幢，建筑面积 41.3 万平方米。

高层公寓的设计是根据建设基地的位置，有的沿道路转角布置，有的平行道路安排，较大的基地则放置在基地中央，大多数公寓是板式高层建筑。比较典型的有：

• 1920 年（民国 9 年）建于霞飞路（今淮海中路）465 号的培恩公寓（今培文公寓）；

• 1924 年（民国 13 年）建于霞飞路（今淮海中路）与福开森路（今武康路）口的诺曼底公寓（今武康大楼）；

• 1927 年（民国 16 年）建于静安寺路（今南京西路）与卡德路（今石门二路）转角的德义大楼；

• 1928 年（民国 17 年）建于衡山路 303~307 号的华盛顿公寓（今西湖公寓）；

• 1929 年（民国 18 年）建于迈尔西爱路（今茂名南路）59 号峻岭公寓（今锦江饭店中楼）；

• 1931 年（民国 20 年）建于霞飞路（今淮海中路）1326 号德恩派亚公寓（今淮海大楼）；

• 1931 年（民国 20 年）建于文监师路（今塘沽路）441 号的德披亚公寓（今浦西公寓）；

• 1931 年（民国 20 年）建于江西路（今江西中路）170 号的汉弥尔登大楼（今福州大楼）；

• 1933 年（民国 22 年）建于陶尔斐司路（今南昌路）294~316 号的阿斯屈来特公寓（今南昌大楼）；

• 1934 年（民国 23 年）建于衡山路 525 号的凯文公寓（今开文公寓）；

- 1932~1934 年（民国 21~23 年）建在西摩路（今陕西北路）173 号的华业公寓；
- 1931~1935 年（民国 20~24 年）建于北苏州路 400 号的河滨大厦；
- 1935 年（民国 24 年）建于霞飞路（今淮海中路）1202、1204~1220 号的盛司康公寓（今淮海公寓）；
- 1935 年（民国 24 年）建于福履理路（今建国西路）394 号的道斐南公寓（今建国公寓）；
- 1934~1936 年（民国 23~25 年）建于贝当路（今衡山路）534 号的毕卡地公寓（今衡山宾馆）；
- 1936 年（民国 25 年）建于赫德路（今常德路）195 号的爱林登公寓（今常德公寓）；
- 1937 年（民国 26 年）建于白赛中路（今复兴西路）24 号的麦琪公寓；
- 1939 年（民国 28 年）建于霞飞路（今淮海中路）1154~1190 号的亨雷公寓（今淮中大楼）；
- 1942 年（民国 31 年）建于衡山路 321~331 号的会乐斯公寓（今集雅公寓）。

四、旧工房、平民村与义卖房屋

（一）旧工房

1880~1948 年（清光绪五年～民国 37 年），中外工厂主出资在工厂附近建造并租赁给职工居住的旧工房共有 154 处，7099 幢，建筑面积 925439 平方米。其中：

外商出资建造的 69 处，4282 幢，建筑面积 519550 平方米，占 56.14%；

中商出资建造的 85 处，2817 幢，建筑面积 405889 平方米，占 43.86%。

旧工房地区分布情况见下表：

旧工房地区分布	分布地块		旧工房幢数		建筑面积（平方米）	
	块数	%	幢数	%	面积数	%
杨浦区	69	44.81	4932	69.61	466260	50.36
普陀区	51	33.12	658	9.27	237042	25.61
静安区	14	9.10	951	13.40	171617	18.54
长宁区	19	12.34	501	7.06	30520	3.30
徐汇区	1	0.65	47	0.66	20000	2.16
小计	154		7099		925439	

旧工房的建筑标准高低悬殊，质量高的花园住宅、公寓供工厂主和高级管理、技术人员居住；质量低的多为立帖式砖木结构，则是普通工人和包身工的栖身场所。

1. 工人居住的旧工房

比较典型的有：

● 1917 年（民国 6 年）建于赫德路（今常德路）1237~1259 弄、1238~1270 弄及沿劳勃生路（今长寿路）416~462 号、464~484 号的北樱华里（今新华北里）；

● 1918 年（民国 7 年）建于杨树浦路 1541 弄 4~44 号的恒丰纱厂职工宿舍（今留春里）；

● 1920 年（民国 9 年）建于劳勃生路（今长寿路）150 弄及沿路 138~148 号的统益里；

● 1921~1923 年（民国 10~12 年）建于周家牌路 147 弄同兴工房（今国棉九厂工房）；

● 1920 年（民国 9 年）建于东京路（今昌化路）924 弄 3~31 号及沿昌化路 926、928、930 号的博益东里西弄；

● 1922 年（民国 11 年）建于劳勃生路（今长寿路）891 弄及沿长寿路 893~901 号的华工工房（今和丰里）；

● 1923 年（民国 12 年）建于客拉契河（今眉州路）224、230、238、246 弄的永安纱厂职工宿舍（今永安里）；

● 1935 年（民国 24 年）建于山达刚路（今定海路）449 弄的裕德工房（今国棉十七厂第二宿舍）。

2. 职员居住的旧工房

比较典型的有：

● 1919 年（民国 8 年）建于麦特拉司路（今平凉路）2767 弄的公大工房（今国棉十九厂工房）；

● 1920 年（民国 9 年）建于澳门路 660 弄及 150 支弄的内外棉工房（今华东纺织局第二宿舍）；

● 1923 年（民国 12 年）建于极司非而路（今万航渡路）623 弄的中行别业；

● 1932 年（民国 21 年）建于澳门路 180 弄 1~27 号及东京路（今昌化路）1072~1078 号的三新村；

● 1938 年（民国 27 年）建于镇宁路 255、265、275、285 弄的渔光村；

● 1947~1948 年（民国 36~37 年）建于杨树浦路 3061 弄的裕丰工房（今国棉十七厂工房）。

（二）平民村

19 世纪末 20 世纪初，大批贫苦农民来沪谋生，搭建棚户日渐增多，租界当局和国民党市政当局以影响市容观瞻为由"取缔"，遭到居民激烈抗争。为安抚民心，市政当局陆续建了少量平民村。平民村房屋多为立帖式砖木结构，单开间联立，呈行列式布置。比较典型的有：

- 1931 年落成的三处平民住所（临平北路，斜土路 628 弄，交通路 1011 弄 1~283 号、1023 弄 1~53 号、1053 弄 1~15 号）共有房屋 614 个单元；
- 1935 年（民国 24 年）建于其美路（今四平路）幸福村 1~269 号的平民村；
- 1935 年（民国 24 年）建于普善路 245 弄 5~256 号的平民村；
- 1935 年（民国 24 年）建于大木桥路 301 弄 1~158 号的平民村；
- 1935 年（民国 24 年）建于中山北路 2035 弄 1~341 号的平民村。

（三）义卖房屋

1947 年（民国 36 年）大批难民涌进上海，住房问题极度严重。由于当时建造住宅的资金短缺，市政当局采纳通过义卖房屋，发行奖券，公开摇奖，中奖得房的办法，选定 5 处土地建造义卖房屋，均于 1948 年（民国 37 年）落成。义卖房屋为二层，砖木结构，呈行列式排列。义卖房屋分双开间、间半式两种。

- 中正西路（今延安西路）1503 弄 1~11 号、21~43 号、16~56 号的忠义新村；
- 武夷路 70 弄 1~21 号的孝义新村；
- 武夷路 227 弄 2~32 号的仁义新村；
- 定西路 1190 弄 1~15 号、武夷路 365、369、373 号的礼义新村；
- 林森西路（今淮海西路）136 弄 1~23 号、2~8 号的信义新村。

五、棚户、简屋

上海开埠后，随着外国资本的输入和工业的发展，大量贫困农民来沪谋生，因收入低下，无力租赁房屋，遂在河畔、铁路旁、工厂周围的空地上，利用毛竹、芦席、木板、铁皮搭建棚户。1932 年（民国 21 年）"一·二八事变"和 1937 年（民国 26 年）"八·一三事变"，日本侵略者在上海狂轰滥炸，闸北、虹口、南市大量民房被毁，大批难民涌入苏州河北岸一带，于是出现了更多的草棚和窝棚。抗日战争后，国民党发动内战，上海人口膨胀，棚户搭建进一步扩大。

1949 年，全市 200 户以上的棚户区共有 322 处，其中 2000 户以上的 4 处，1000 户以上的 39 处，500 户以上的 150 处。棚户占地面积 1109 万平方米，棚户简屋共有 197500 间，建筑面积 322.8 万平方米，住着 115 万人。

较大规模的棚户区分布情况是：

- 杨浦区：引翔港、小木桥、陈家头、菱白园、姚家桥、方子桥、定海桥、中联村、明园村、吴家浜等棚户区；
- 浦东：沿江码头的十八间、烂泥渡、洋泾港、老白渡、苏鲁村、白莲泾一带的棚户区；

- 普陀区：潭子湾、潘家湾、朱家湾、药水弄等棚户区；
- 静安区：南村、北村等棚户区；
- 徐汇区：肇嘉浜水上棚户区；
- 南市区：西凌家宅、董家宅等棚户区；
- 闸北区：蕃瓜弄及中兴路、止园路、新民路、广肇路、大统路一带的棚户区。

参考文献

[1]《上海住宅建设志》编纂委员会.上海住宅建设志[M].上海：上海社会科学院出版社，1998.

[2] 蔡育天.回眸——上海优秀近代保护建筑[M].上海：上海人民出版社，2001.

[3] 上海市徐汇区房屋土地局.梧桐树后的老房子——上海徐汇历史建筑集锦[M].上海：上海画报出版社，2001.

[4]（日本）横滨市建筑局.（中国）上海市城市规划管理局.上海——上海近代建筑导游[M].1992.

[5] 罗小未.上海建筑指南[M].上海：上海人民美术出版社，1996.

[6] 杨嘉佑.上海老房子的故事[M].上海：上海人民出版社，1999.

[7] 伍江.上海百年建筑史（1840—1949年）[M].上海：同济大学出版社，1999.

（本文是作者刚退休时应上海市住宅局之约，为筹建上海市住宅博物馆整理的一份纪实性资料。后因机构调整筹建工作停止，曾作为附条纳入作者工作时所写的文集中，因有较强的参考价值，现一并编入作者退休后所写的文集中）

上海近代城市住宅建筑扫描

（1840~1949 年）

　　以下展示的这些住宅照片分三类：第一类是里弄住宅建筑；第二类是高层公寓建筑；第三类是独立式花园住宅建筑。（照片均摘自《回眸——上海近代优秀历史建筑》）

●里弄住宅建筑

▲ 1905–1934 年建于尚文路 113 弄 1–105 号的龙门村——石库门里弄住宅

▲ 1924 年建于泰安路 120 弄的卫乐园——花园里弄住宅

▲ 1930 年建于陕西南路 151–187 号的亚尔培公寓（今陕南村）——公寓式里弄住宅

▲ 1932 年建于南京西路 1025 弄的静安别墅——新式里弄住宅

●高层公寓建筑

▲ 1924 年建于淮海中路 1836-1858 号的诺曼底公寓
（今武康大楼）

▲ 1931 年建于华山路 731 号的枕流公寓

▲ 1933 年建于江西中路 170 号的汉
弥尔登公寓（今福州大楼）

▲ 1934 年建于陕西北路 175 号的华
业公寓

▲ 1935 年建于淮海中路 1202 号的
盖司康公寓（今淮海大楼）

●独立式花园住宅建筑

▲ 1942年建于永福路151号的花园住宅（今德国领事馆）——西班牙式住宅

▲ 1900年建于淮海中路1517号的盛宣怀住宅（今日本领事馆）——仿欧洲古典式住宅

◀ 1934年建于愚园路1136号31号的王伯群住宅（今长宁区少年宫）——维多利亚哥德式住宅

◀ 1935年建于兴国路72号的太古洋行大班住宅（今兴国宾馆1号楼）——英国帕拉蒂奥式住宅

◀ 1936 年建于陕西南路 30 号的马勒住宅——混合式住宅

▶ 20 世纪 30 年代建于武康路 117 弄 2 号的花园住宅——西班牙式住宅

◀ 20 世纪 30 年代建于新华路 20 号的花园住宅——仿中国古典式住宅

▶ 1948 年建于乌鲁木齐南路 151 号的朱敏堂住宅——美国风格住宅

▶ 1905年建于汾阳路79号的法租界公董局总董官邸（今工艺美术研究所）——法国文艺复兴式住宅

◀ 1924年建于延安西路64号的嘉道理住宅——仿古典式住宅

▶ 1936年建于华山路229-285弄的法拉蒙德住宅（今农场局）——混合式住宅

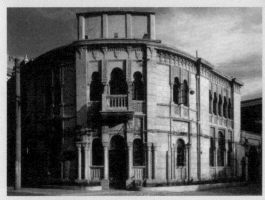

◀ 1924年建于多伦路250号的孔祥熙住宅——伊斯兰式住宅

◀ 1926 年建于淮海中路 1134 号的席氏住宅——德国文艺复兴式住宅

▶ 1925 年建于新华路 179 号的花园住宅（今新华路警署）——德国式住宅

◀ 1926 年建于南京西路 1418 号的德侨住宅（今上海市政府外办）——法国文艺复兴式住宅

▶ 1928 年建于太原路 160 号的逊百克洋行住宅（今瑞金宾馆太原路分馆）——法国晚期文艺复兴式住宅

▶ 1936 年建于虹桥路 2310 号的花园住宅（今置地集团）——英国乡村式住宅

◀ 1930 年建于华山路 1076 号的德商嘉色喇住宅（今信息中心 1 号楼）——德国式住宅

▶ 1932 年建于武康路 390 号的意大利总领事住宅（今上海汽车工业公司）——地中海风格的花园住宅

◀ 1932 年建于虹桥路 249 号的沙逊别墅（今龙柏饭店 1 号楼）——英国乡村式住宅

◀ 1930 年建于新华路 483 号住宅（今长宁区医疗保险办公室）——现代式住宅

▶ 1931 年建于巨鹿路 675–681 号的刘吉生住宅（今上海市作家协会）——仿欧洲古典式住宅

◀ 1933 年建于汾阳路 45 号的海关副总税务司住宅（今海关招待所）——西班牙式住宅

▶ 1928 年建于岳阳路 145 号的宋子文住宅（今老干部大学）——法国式花园住宅

六个"第一" 六十年发展

城市规划是一个不断探索的历史过程。本文选择了中华人民共和国成立以来不同时期上海市住宅建设的 6 个规划设计范例加以评说，是为了"继往而拓进，传承而创新"。这些案例有着明显的历史痕迹和时代烙印，折射出当时住宅建设的背景和状况，并各有其特点或创新，从中可见规划设计探索的脉络、住宅建设六十年的发展、居住水平上升的轨迹。

住宅问题是经济社会发展中的一个大问题。回顾旧中国上海的城市住宅，有三个特点。一是 1843 年上海开埠以后，租界割据，许多外商和权贵建造了众多具有本国建筑风格的独立式花园住宅和公寓，上海成了"万国建筑博览会"。二是在中外文化交融的过程中，里弄石库门住宅应运而生，形成了具有上海特色的住宅建筑文化。三是随着外国资本的输入和现代工业的发展，加之近代中国战乱灾荒不断，大量外地贫困农民和灾民到上海谋生，因其无力租赁房屋，便在河畔、铁路旁的空地，以至坟场、废墟等处搭建棚户、简屋栖身，留下了面广量大的棚户区。中华人民共和国成立后，既要改造棚户区，又要建造新住房，以满足广大市民日益增长的对住房的需要，任务极其繁重。因此，住宅建设是城市建设的重要内容，也是众多城市规划项目之"源"。

一、第一个工人新村规划

中华人民共和国成立初期，党和政府十分重视改善劳动人民的居住条件。1951 年 3 月，市人民政府派出工作组，到产业工人比较集中的普陀区和杨浦区，调查工人的居住状况，为建设工人新村选址。经过两个月的调查，踏勘了 5 个选址地段，最后确定在中山北路以北、曹杨路以西，建设第一个工人新村。工作组遂即写出了调查报告，拟定了曹杨新村建设计划，报经审批后，由上海都市计划研究委员会编制了曹杨新村规划（图 1）。

曹杨新村规划借鉴了西方"邻里单位"规划理念，是老一辈建筑师、规划师的成功之作。所谓"邻里单位"，针对 20 世纪以来汽车交通的迅速增长，城市居民对交通安全和居

图 1　曹杨新村地盘布置模型图

住环境质量日益提高的要求，1929 年美国人 C.A 佩里首先提出"邻里单位"的概念。他主张扩大原来的较小的住宅街坊，以城市干道包围的区域作为基本单位，建成一个包括住宅、各种公共服务设施和绿地的具有一定规模的"邻里"。使居民有一个方便、安全、舒适、优美的居住环境，并在心理上对自己所居住的地区产生一种"乡土观念"。

　　曹杨新村规划以一所小学服务的户数及其住宅占地规模为邻里单位，小学生步行上学不到 10 分钟。在其外围交通方便的地段，设置商业、文化、医疗等公共服务设施。规划保留了基地内原有的河流，新村道路顺应河流布局，构成自然网络，曲直有度。住宅以两层为主，空间尺度亲切。规划充分保证住宅日照朝向和间距，住宅与道路或平行，或垂直，或呈角度布局，与沿路行道树构成变化丰富而有节奏的街景。新村道路划分的街坊面积约2—3 公顷，街坊内有小绿地和儿童活动场地，营造闲适的邻里生活、交往空间。

　　曹杨新村的住宅由当时公共房屋管理处负责设计。设计前邀请工人代表座谈，在充分听取意见的基础上，确定建筑样式和设备标准。居住面积每人 5 平方米，根据不同家庭人口构成，设计了四种住宅类型。每户有抽水马桶，厨房三户合用。现在看来这个标准不高，在当时的条件下，工人们非常满意。

　　曹杨新村一期工程用地 13.3 公顷，于 1951 年 9 月开工，1952 年 5 月竣工，共建了两层住宅 48 幢、1002 户，即现在的曹杨一村。第一批入住的主要是沪西地区纺织、五金系统中住房困难、在生产上有显著成绩的劳动模范、先进工作者和老工人。同年 6 月，市人民政府在曹杨新村召开庆祝大会，副市长潘汉年、市总工会副主席钟民、沈涵到会祝贺，工友们前来道喜，劳动模范陆阿狗代表入住居民发言：感谢共产党，感谢毛主席，想了一辈子的住房，今天梦想成真了。

中华人民共和国成立初期，国民经济还处在恢复阶段，曹杨新村的建设体现了党和政府对劳动人民的关怀。老一辈建筑师、规划师怀着高度的责任感，精心规划、精心设计，既吸收国外先进经验，又结合我国国情和地情，并充分听取工人们的意见。其所完成的曹杨新村规划设计，即使按照现在所要求的 "造价不高水平高，用地不大环境好，标准不高功能全" 来衡量，仍不失为经得起历史检验的一代范例。经上海市人民政府批准，1950年代建设的曹杨新村已划定为历史文化风貌保护区。2009年，中国建筑学会组织的 "新中国成立60周年建筑创作大奖评选"，曹杨新村规划设计荣获创作大奖。

曹杨新村一期工程完工后，又逐年续建至9个新村。随着经济社会的发展，曹杨新村多次进行了改建，房屋结构和设施不断改善，新村用地达到180公顷，居住10余万人。与曹杨新村建设的同时，1952年4月市建委提出《关于建设二万户工房报告》，又规划建设了长白、控江、凤城、鞍山、甘泉、宜川、日晖等工人新村，劳动人民的居住条件得到了明显改善。

二、第一个 "一条街" 规划

1956年4月，毛泽东主席《论十大关系》发表，中共上海市委据以确定了 "充分利用、合理发展" 上海工业的方针。根据这一方针，上海市规划局提出《上海市（1956—1967年）近期规划草案》。同年10月，市长办公会议讨论规划草案，同意辟建彭浦、桃浦、漕河泾、吴淞工业区，首先集中力量发展闵行卫星城，分散市区一部分工业企业，减少市区过分集中的人口。为配合近郊工业区的开辟和卫星城的建设，住宅规划的重点转向近郊工业区和卫星城镇。这一时期编制的规划，贯彻执行 "实用、经济、在可能条件下注意美观" 的方针，坚持 "成街成坊" 规划的思想，最有代表性的是由上海市民用建筑设计院完成的 "闵行一条街和东风新村" 的规划设计。闵行东风新村是按照 "成街成坊" 统一规划，并按照 "先成街、后成坊" 的顺序建设的。闵行一条街一期工程于1959年9月建成。

闵行一条街全长550米，宽44米，其规划设计特点，一是遵循我国城镇商业传统布局方式，沿街建筑底层布置商店等公用设施，形成商业一条街；二是街道平面和横断面设计充分考虑车行、人行和购物等行为需求，对空间进行合理分配，道路两侧栽植了树荫如盖的樟树，为行人、车行和购物提供良好的空间环境；三是注重沿街建筑景观设计，建筑高低错落，退让红线前后有致，建筑立面统一中有变化，建筑色彩采用象牙黄基调，明快淡雅。闵行一条街规划设计给我们的启示是，居住区规划不仅要重视街坊内部空间的合理组织，也要重视街景的设计，内外兼秀，方称完美。

闵行一条街和东风新村是上海第一个按照成街成坊的要求建成的商业等服务设施齐全的居住区，好评如潮。之后，按其经验上海相继规划建设了张庙一条街、天山路一条街，外地城市也多有借鉴。2009 年，中国建筑学会组织的"新中国成立 60 周年建筑创作大奖评选"，闵行一条街规划设计荣获建筑创作大奖。

三、第一个棚户区改建规划

1949 年前中国上海的棚户区，据 1949 年统计，200 户以上的有 322 处，其中 2000 户以上的 4 处，1000 户以上的 39 处。棚户区占地总面积 1109 公顷，总建筑面积 322.8 万平方米，住着 115 万人。这些地区缺水无电，道路狭窄，没有下水道，雨天积水道路泥泞，居住条件十分恶劣。

中华人民共和国成立后，上海城市建设贯彻执行"为工业建设服务、为劳动人民服务"的方针，改建棚户区一直是市人民政府关注的要务之一。棚户区面广量大，改建所需的财力、物力投入大，不可能"毕其功于一役"，只能随着经济的发展有计划地进行。1950 年上海市第二届人民代表大会第一次会议，通过了"改善工人贫民住宅环境卫生"的决议，由政府投资填没臭水浜、开辟消防"火巷"，修筑弹街路，铺设上下水道，安装路灯，设立公共给水站，建造公共厕所、垃圾箱等，棚户区的居住环境得到初步改善。例如，1954 年肇家浜填浜埋管，拆除了沿浜两岸的棚屋、"滚地龙"2.3 万平方米，1700 户棚户居民住进了漕溪路的新房。到 20 世纪 60 年代初，开始成片改建棚户区，蕃瓜弄的改建为其先例（图 2）。

闸北区蕃瓜弄位于闸北区铁路以南，东邻共和新路旱桥，南界天目中路，西沿大统路，占地面积 5.2 公顷，有棚户、简屋 4000 余间，住着 1964 户、1.6 万人。该地段原名姚家宅，"八一三"日本侵略军进攻上海时被炸成废墟。在战乱灾荒不断的年代，苏北、安徽、山东等地来沪的灾民、难民在这里搭建"滚地龙"、棚户、简屋栖居，并种南瓜（俗称蕃瓜）为食，因为长出一个特大南瓜，茎蔓卷曲似龙，人们视为吉祥物，称为蕃瓜龙，该地段逐渐以其谐音改称蕃瓜弄。1963 年市委、市政府要求结合天目中路拓宽一并改建蕃瓜弄棚户为多层住宅，规划设计要适用、卫生，保证通风、日照，要节约用地，改建后安置原地居民。

根据改建要求，上海市规划建筑设计院设计了 29 个方案，再优化为 8 个方案，最后推荐一个方案报市政府领导审定后，于 1963 年 10 月开工，1965 年 12 月竣工。共建成混合结构五层住宅 31 幢，建筑面积 6.9 万平方米，共有 1965 套住房。除可安置原地 1964 户居民外，并配建了小学、幼儿园各一所，旅馆、浴室、商店、理发店、书店各一家，排

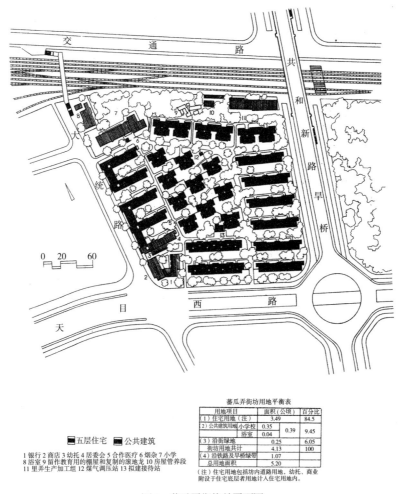

蕃瓜弄街坊用地平衡表

用项目		面积（公顷）	百分比
（1）住宅用地（注）		3.49	84.5
（2）公共建筑用地	小学校	0.35	0.39	9.45
	浴室	0.04	
（3）沿街绿地		0.25	6.05
街坊用地共计		4.13	100
（4）沿铁路及旱桥绿带		1.07	
总用地		5.20	

（注）住宅用地包括坊内道路用地，幼托、商业
附设于住宅底层者用地计入住宅用地内。

■五层住宅　■公共建筑

1银行 2商店 3幼托 4居委会 5合作医疗 6烟杂 7小学
8浴室 9留作教育用的棚屋和复制的滚地龙 10房屋管养段
11里弄生产加工组 12煤气调压站 13拟建接待站

图2　蕃瓜弄街坊总平面图

水泵房两座。基地内绿树成荫，在靠铁路的一侧，还保留了18间棚户，让人们不要忘记过去。遗憾的是，这18间棚户后来被拆除，又建了房屋。

蕃瓜弄规划设计的特点是，在节约用地、提高环境质量和优化房型设计等方面，进行了深入细致的分析，采取了合理的对策，统筹规划，取得了很好的效果。其一，新建住宅要安置1964户原住户，还要增建配套公用设施，提高土地使用效率是关键。住宅设计了塔状和条状两种类型，并借鉴里弄住宅的做法，适当增大住宅单元进深和条状住宅组合体的长度，提高了平面利用系数，尽可能多地安排住户，腾出土地增建公共服务设施。其二，在房型设计上，根据原住户家庭的人口构成比例，分别设计了一室户（占40%），一室半户（占45%），二室户（占15%）。居室面积也分大、中、小三种类型。建筑进深大的单元设内天井，以利通风采光；西向住宅单元采用锯齿形南向窗，相应设计了三角形阳台，房型紧凑、实用。其三，为提高居住环境质量，在规划布局上，沿铁路、天目中路和靠共和新路旱桥一侧设置隔离噪声的绿带。根据上海冬季西北风多、夏季东南风多的特点，沿大统路布置了 E 字形住宅组合体，形成东南向敞开院落，有利于东南向通风，并可阻挡冬季西北风。条状住宅高度和间距比例为 1：1.1，塔状住宅交错布置，适当缩小建筑间距，均能满足日照要求。对基地内的绿化配置也进行了精心的设计，为居民提供户外休闲活动空间。以上这些措施，大大地提高了住宅街坊的声环境、风环境、日照光环境和生态绿化环境的质量。蕃瓜弄改建的规划设计，是提高土地使用效率和居住环境质量的优秀范例，2009 年，中国建筑学会组织的"新中国成立 60 周年建筑创作大奖评选"，蕃瓜弄改建规划设计是入围项目之一。

蕃瓜弄新房落成后，原来住在这里的居民，敲锣打鼓，欢天喜地迁入新居。许多老年人抚今忆昔，感慨万分，热泪盈眶。他们称蕃瓜弄为翻身弄。蕃瓜弄改建完成后，杨浦区明园村、徐汇区市民村、普陀区药水弄、南市区西凌家宅等较大的棚户区，也相继于 20 世纪 70 年代、80 年代进行了规划改建。进入 20 世纪 90 年代，伴随着改革开放的深入，浦东开发开放推动了旧区改造的提速，一些更大的棚户区，例如杨浦区的东西菱白园，普陀区的潘家湾、潭子湾、朱家湾等也得以改造。至 2000 年底，本市历史上留下来的棚户区已经不复存在了。

四、第一个大型居住区规划

"文革"期间，上海住宅建设几乎处于停顿状态，只在某些工人新村中"填空补实"，插建了少量住宅，杯水车薪，不能满足市民日益增长的住房需求。进入 20 世纪 80 年代，大量上山下乡的知识青年返沪，城市人口骤增，住宅紧缺的矛盾更加突出。中共上海市委和市人民政府作出了加快住宅建设的决定，提出了住宅建设一系列方针政策，部署按照"统一规划、综合开发、配套建设、分期实施"的要求，建设若干大型居住区。曲阳新村就是当时第一个规划建设的大型居住区（图 3）。

曲阳新村位于虹口区，东临密云路，西至东体育会路，南起大连西路，北距源林路180 米，占地 78 公顷。1979 年 3 月，华东工业建筑设计院进行规划设计，1989 年底建成，历时近 10 年。连同位于上述范围内的玉田新村，共有住宅建筑面积 94 万平方米，公共设施建筑面积 16 万平方米，居住 8 万多人。其规划设计具有以下特点：第一个特点是，规划结构与行政管理系统相契合，顺应城市道路划分为 6 个居住小区（每个小区 10—14 公顷）。曲阳新村居住区相当于一个街道的规模；每个居住小区划分三个居住组团，每个组团相当于一个里委的规模。第二个特点是，新村的公共服务设施，按照规划结构分三级设置，服务设施完善，服务半径合理。由于纵贯新村中央的曲阳路是城市交通干道，居住区级公共服务设施集中成坊，设置于曲阳路两侧。东侧有商业中心、文化馆、图书馆、医院；

1. 居住区级中心　1. center of housing estate level
2. 小区级中心　2. center of residential quarter level
3. 行政管理中心　3. administrative center
4. 幼托　4. kindergarten and nursery
5. 小学　5. primary school
6. 中学　6. middle school
7. 医院　7. hospital
8. 体育馆　8. gymnasium

图 3　曲阳新村总平面图

西侧有街道办事处、派出所、房管所、工商所、邮电局、银行等,并有地下人行隧道相联系。居住小区级公共服务设施有中小学、幼托、房屋管养段、商店等,按其功能要求设置在独立地段内,居民购买日常生活用品,送儿童去幼托、上学都不穿越城市道路,安全、方便。居住组团设烟杂店、服务站、老年活动室、里委办公室等,服务半径约 100 米,就近为居民服务。第三个特点是,空间组织疏密有致、高低错落,市政配套齐全。住宅有高层和多层,楼型有塔状和板状,随应道路、河流精心布局,形成富有层次和韵律感的建筑空间。绿地规划讲求适用,充分利用路边、河畔、宅前屋后,边角空地配置儿童游戏、老人活动、邻里交往的小绿地,既省地又实用。新村的上下水、电力、电信、煤气等各项市政设施配套完善,尤其建设了高压水泵站,成为上海第一个多层住宅屋顶没有水箱的新村。

曲阳新村是上海 1980 年代建成的设施完善、居住方便、环境优美、深受欢迎的居住区之一，被评为 1949—1989 年上海十佳建筑之一。与曲阳新村同期规划建设的还有康健、工农、民星、田林、仙霞、德州、梅园、上南、彭浦等新村，进一步改善了市民的居住条件。

五、第一个涉外居住区规划

1978 年 12 月中共十一届三中全会之后，国家实行改革开放政策。1980 年 5 月，中共上海市委提出试行住宅商品化。1984 年，国务院批准上海为扩大住宅商品化试点城市之一。1987 年 6 月，中共上海市委召开专门会议，明确提出上海要加快建立房地产业和做好土地开发经营，并制定相关的政策法规。1987 年 11 月，市人民政府发布《上海市土地使用权有偿出让办法》，实行土地批租。1992 年初，邓小平南方重要讲话发表后，上海迅速出现了房地产开发热潮，中外房地产商纷至沓来，各行业也竞相涉足房地产业经营。1992 年 1 月，中外合资的上海海华房产公司，以"毛地批租"的形式，获得打浦桥地段 2 万平方米土地使用权，建设住宅。1995 年，全市从事商品住宅开发经营的公司达到 2635 家。从 1979 年至 1995 年底，全市累计建成各类商品住宅建筑面积 1886 万平方米。这期间，许多外商及我国港澳台地区的商人纷纷来上海投资，急需要高标准住房，愿以外汇支付，外汇商品房应运而生。古北新区就是适应对外开放的需要开发建设的涉外居住区。

古北新区的规划有一个反复酝酿、逐步深化和完善的过程。市人民政府在决定建设虹桥新区之后，为提高虹桥新区的作用并完善其功能，又于 1984 年 5 月决定扩大虹桥新区的开发，在其南侧建设古北新区。1984 年 9 月，市规划院编制《古北新区开发规划》报市人民政府，同年 12 月，市人民政府批复原则同意，并要求对用地范围和建筑容量等作适当修订。1986 年 2 月，按市政府要求修订规划后，上报《古北新区详细规划》，同年 8 月，市规委批复同意详细规划的范围、功能、分区结构和市政设施规划，要求按街坊编制城市设计并相应完善规划，把古北新区建设成城市基础设施完善，文化、教育、商业、服务设施齐全，建筑风格新颖，环境优美的涉外综合居住区，以适应对外开放的需要。1986 年 12 月，市人民政府批准成立古北新区联合发展公司，负责古北新区的开发管理。根据市政府有关会议要求，古北新区联合发展公司、市规划院和法国里昂城市开发公司（SERA）合作，进行古北新区详细规划调整深化方案的编制工作。1988 年 2 月，市规划院上报《古北新区详细规划调整深化方案》，同年 4 月，市规委批复原则同意。

古北新区位于虹桥路南侧，姚虹路以西，古羊路以北，虹许路以东，基地由东向西划分为Ⅰ、Ⅱ、Ⅲ三个区域，总共占地 136 公顷，规划建筑总面积 234 万平方米，以建造高标准外汇商品住宅为主。其中Ⅲ区 52 公顷 1989 年先行开发，之后视条件逐步扩大开发，至今全区已基本建成（图 4）。

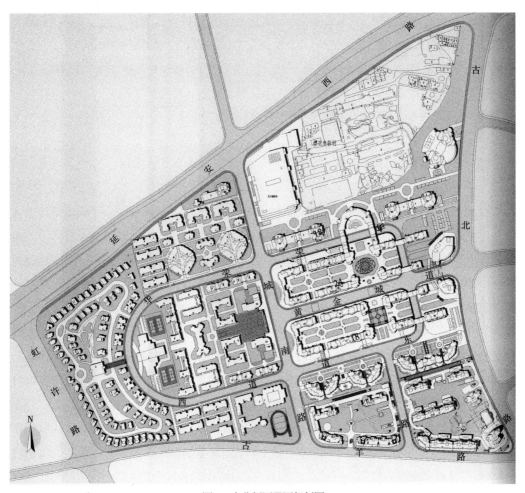

图 4　古北新区Ⅲ区规划图

　　古北新区规划和建设与以往居住区相比较，有若干不同和特点。第一，其功能定位是一个包括办公、商贸、文化、展览等功能的综合性涉外居住区。第二，住宅类型多样、建设标准高，是一个由高层、多层和独立式低层住宅组成的高标准涉外居住区。第三，在空间格局上，采用了轴线、广场等手法组织空间，环境典雅。第四，通过土地出让等市场运作方式有序开发。总之，古北新区是一个功能复合、标准高端、环境典雅、市场化开发的涉外居住区，反映了居住规划建设适应改革开放需要的新特点。1995 年 4 月，古北新区被评为上海十大新景观之一。

　　改革开放以来，尤其是 1992 年以来，随着改革开放的深入，住宅建设逐步进入市场化运作，其建设方式发生了根本变化：住宅建设资金由政府投资转变为包括内资、外资和社会资金等多元化投资；建设用地的取得，由划拨土地转变为土地使用权出让和划拨土地并行；住宅建设类型，由职工福利住宅转变为商品住宅与职工福利住宅并存；住宅建设标准，由统一标准转化为高、中、低不同的标准；住宅建设基地特点，既有万里、三林、春申等大型居住区开发基地，更多的是分散开发的住宅建设基地。这时期住宅建设量骤增，据住宅年竣工量统计，1979 年为 215.99 万平方米，1992 年为 543.48 万平方米，13 年翻了一倍；1995 年为 1015 万平方米，仅仅过了 3 年又翻了一倍。最为惊人的是，2004 年住宅竣工 3270.40 万平方米，相当于 1949 年全市建筑总量的 70%。

六、第一个大型居住社区规划

21 世纪，我国进入新的发展阶段。2003 年 10 月，中共十六届三中全会提出坚持以人为本，树立全面、协调、可持续的发展观和"五个统筹"的思想。2006 年 10 月，中共第十七次全国代表大会提出更加关注社会建设，着力保障和改善民生，努力使人民住有所居，推进和谐社会建设。回顾中华人民共和国成立以来，尤其是改革开放以来住宅建设成绩斐然，市民的居住水平总体上有了大幅度提高。据统计，人均居住面积 1949 年为 3.6 平方米，至 1979 年为 4.5 平方米，至 2008 年为 16.9 平方米，相当于人均一间住房的水平！住宅成套率达到 95% 以上。就每一户居民家庭来讲，不同收入水平家庭的居住水平是有差别的，人们对居住生活的要求是不断提高的。随着福利分房的取消，如何保障中低收入家庭购房或租房，成为市政府关注民生的一个重要问题。

2005 年市人民政府决定在 5 年内建 2000 万平方米保障性住宅，建设大型居住区。要求市规划和国土资源管理局（以下简称市规土局）选择建设基地，编制住宅规划，提出规范要求，严格按照批准的规划进行建设。2009 年 2 月，中共上海市委九届七次全会提出"研究在郊区建设交通方便、配套良好、价格较低、面向中等收入阶层的大型住宅小区的可能性"；同年 7 月，中共上海市委九届八次全会进一步明确"以推进保障性住房建设为重点，保持房地产市场稳定健康发展"。

市规土局会同市房管局和市建交委研究，认真领会市委、市政府的要求，针对旧区改造拆迁安置急需保障性住房，就大型居住区选址问题，分析了轨道交通建设的现状和发展，按照上海市城镇体系规划就近选择了宝山顾村、嘉定江桥、闵行浦江、松江泗泾、浦东周康航和曹路 6 个基地，以满足近期建设需要；又在嘉定新城、青浦新城、南桥新城、临港新城和金山亭林选择了 9 个大基地，以满足长远建设的发展。

在住宅建设基地选址和住宅规划深化的过程中，总结经验，深入探索，基于以下分析，逐步形成了大型居住社区的规划理念及其内涵：首先，大型居住区选址，必须充分考虑居民的实际需要，在轨道交通站点和公交干线周边选址，方便居民出行。居民出行是其社会活动的需要，是一种社会行为，大型居住区规划建设要与之相适应。其次，大型居住区依托新城建设，既可以利用城镇公共设施，又促进新城发展，也有利于中心城人口向新城疏解。但是，要人们在新城住下来，生活下去，除了有完善的居住区配套设施，还要有完善的社会公共设施，大型居住区建设与社会建设是相辅相成的。第三，大型居住区建设既要方便生活，又需要与居民工作和就业相协调，必须统筹居民生活与工作的需求。大型居住区的布局及其规划，要从城市的发展综合考虑人口分布与地区功能定位和产业布局的关系，统筹产业与居住的平衡发展，促进安居乐业。第四，居民是不同层次、不同收入的社会人群，家庭是社会的基本单元，居住区是城市社会的有机组成部分。住宅建设要促进和谐社会建设，必须建设和谐社区统筹不同人群和家庭对住房和环境的需求。总之，要从以人为本、科学发展的高度理解住宅建设，要从城市社区建设的角度编制大型居住区规划，"大型居住社区"的规划理念逐步清晰了，居住社区与居住区虽是一字之差，却蕴含着新的内涵。大型居住社区规划也在居住社区规划理念的形成过程中得以深化和完善。

近郊 6 个基地的控制性详细规划已经批准，6 个基地规划总用地面积约 19 平方公里，其中居住用地约 10 平方公里；规划总建筑面积约 1800 万平方米，其中住宅建筑面积约 1400 万平方米，可居住约 50 万人。目前，各基地正在抓紧推进建设。关于 9 个新城的大型居住社区规划，以青浦和嘉定两个新城为试点，已经编制了规划，将为全市大型居住社区规划提供示范。

市规土局组织编制的《上海市大型居住社区规划设计导则》（以下简称《导则》），总结了近年来大型居住区规划建设的经验，以科学发展观为指导，坚持以人为本、构建和谐社会，按照实施上海城市总体规划的要求，着眼于优化城市居住空间布局，突出城市社区整体发展，提高城市居住环境质量和水平，重点解决规划设计水平不高、住房结构相对单一、交通不够便捷、社会设施配置滞后等存在的问题。《导则》共有 9 章 33 条，其内容突破了居住区传统观念，演绎了大型居住社区规划设计的新内涵：在功能布局方面，强调多元化功能，考虑不同居住功能的协调和社会融合，提高土地的混合利用效率；在道路交通方面，从便捷、高效的角度，合理确定道路网密度、街道宽度和尺度，研究街道景观、线形和沿街界面的控制要求；在风貌环境方面，注重整体风貌协调，体现地方特色、自然特色和人性化要求，注重建筑立面设计和整体轮廓。《导则》是对现行有关政策、标准、规范的补充和完善，将作为编制、审批和实施大型居住社区规划设计的依据，以规划建设社会和谐、功能完善、交通便捷、生态宜居、活力繁荣的城市社区为目标，满足市民不断提高的生活需要。

大型居住社区规划理念的确立及其规划设计《导则》的制定，对于实现大型居住社区高起点规划、高标准设计，满足市民不断提高的居住需求，对于又好又快地建设新城，促进城市总体规划的实施，对于建设和谐社区，促进和谐社会的构建都具有重要的意义，标志着本市住宅建设和规划进入科学发展的新阶段。

以上介绍的住宅建设 6 个规划设计范例，向我们传递了丰富的信息。就规划创作而言，其规划方法的取舍、规划理念的形成、规划内容的展开、规划成果的表达等多方面给我们以深刻启示。它们之所以成为范例，是时代的机遇，也是规划设计者对自我的挑战。品读这些规划设计范例，可以悟出规划设计者的内心追求，体现了他们的职业精神：奉公敬业、精益求精，以人为本、和谐公正，珍惜资源、崇尚效率，探索规律、善于创新。这些范例和这种精神凝聚了一代规划师和建筑师的文化底蕴，是一笔宝贵的财富。

我国快速城市化进程和大规模建设活动，使规划设计成为一个热点行业。伟大的时代应该产生有深远影响的规划设计作品，历史的接力棒已经交在了年轻一代规划师的手上，温习优秀规划设计范例，传承规划者的职业精神，挑战自我，善于开拓，不断提高规划设计水平，将会出现更多的优秀规划设计作品，我们期待着。

（本文刊于 2009 年第 6 期《上海城市规划》）

居住社区若干问题的思考

2013年春节前召开的党的十八大，确定了全面建成小康社会和全面深化改革开放的总目标、总部署。全国和上海市"两会"贯彻落实党的十八大精神，明确了经济和社会发展的各项任务，提出"以保障和改善民生为重点，全面提高人民物质文化水平"和"加强和创新社会管理"。其关键词"生态宜居"和"完善城市居民自治制度"，表明了居住社区建设新指向。2009年上海市规土局印发的《上海市大型居住社区设计导则》，试行至今已有4年了。瞻前顾后，与时俱进，要求我们对居住社区规划的若干问题作深入思考。

一、何谓居住社区

从字面上理解，居住社区是以居住功能为主的社区。再追问什么是社区？很可能有各种答案。在现实生活中，社区概念的使用比较宽泛，由于人们对社区概念的理解不同，加之居住社区和居住区都是以居住功能为主的地域，认为居住社区和居住区的概念没有什么两样。其实，社区是社会学的一个地域性概念，有其特定的内涵。据《辞海》解释："社区是以一定地域为基础的社会群体。其基本要素有：①有一定地域；②有一定人群；③有一定组织形式、共同的价值观念、行为规范及相应的管理机构；④有满足成员物质和精神需求的各种生活服务设施。"可见，社区是以人为主体的社会组织形式，是一个具有公共联系纽带的地域性利益共同体。居住区则是居住功能区的概念，其规模有一定的规范要求。作者对居住社区概念的理解，是对居住功能区注入了社区的内涵，是否可以这样表述：有一定规模的人群居住，有满足其物质文化需求的基本生活服务设施，有相应机构自我管理、服务，在共同生活中形成共同价值观念和行为规范的地域性社会组织形式。居住社区规划需要深入理解和演绎社区的内涵，才能正确把握居住社区规划的定位。

二、何以将居住区改称居住社区

中华人民共和国成立以来，我国城市住宅区规划一直称为居住区规划，为何60年之后改称居住社区规划呢？作者认为，这并非玩弄概念，有其深层次原因：是改革开放、计划经济转变为市场经济助推社会变革的必然趋势。

改革开放前，我国实行计划经济体制，企业单位隶属于一定的行政管理部门，政府以行政隶属关系为纽带管理城市。街道办事处是区政府的派出机构。居民委员会是基层管理的触角，其行政管理职能超过服务职能。这个时候的居民是"单位的人"，生老病死有单位关心，家庭住房靠单位分配，利益诉求找单位解决。这种情况倒逼"单位办社会"：单位建住房、办幼托，甚至建医院、休养所等。改革开放后，我国实行社会主义市场经济体制，进一步解放了生产力，促进了经济社会快速发展和居民生活水平的显著提高。政府简政放权，政企分开，企业不再是政府的下属单位，自负盈亏经营。企业原来承担的社会职能逐渐从单位中剥离出去，居民对单位的依赖大大减弱，成为了无所依属的个体，其利益诉求渠道断裂了。如果找街道或居委会，街道、居委会没有这方面的职能；如果直接找政府，"上面一根针，下面千条线"。诉求千头万绪，错综复杂，政府何以为堪？社会矛盾丛生，社会管理变革势在必然。城市住房制度改革，居民有了属于自己的住房，对物业管理和居住环境的改善日益关心，参与意识增强，促进了物业管理产业的发展和社区业主委员会的诞生，自己的事情自己管，居住区内涵开始向社区转化。在社会变革的背景下，将居住区改称居住社区，可以说是应运而生，其一字之差反映了社会变革的趋势，表明了居住区规划步入新的发展阶段。

三、建设居住社区意义何在

居住社区丰富了传统居住区的内涵。建设居住社区是居住区建设的发展和提高。其积极意义，可以从当时市人代会《政府工作报告》关于社会管理体制改革的阐述中深入领悟："加快形成党委领导、政府负责、社会协同、公众参与、法制保障的社会管理体制，确保社会稳定。致力于充分发挥群众参与社会管理的基础作用，引导群众依法进行自我管理、自我服务、自我教育、自我监督，促进社会组织健康有序的发展。坚持服务管理重心下沉，加强基层社会管理和服务体系建设，切实做到管理出效率、基层有活力、群众得实惠。"

居住社区既是社会管理的基层组织形式，也是城市版图构成的基本功能单元，应当从社会管理改革和城市发展的角度，认识建设居住社区的意义：一是建设居住社区是推进社会管理体制改革的突破口；二是建设居住社区是完善城市居民自治制度，构建和谐社会的重要平台；三是建设居住社区也是提高城市全球竞争力的社会资本。在信息化时代，国力竞争表现为城市竞争力的较量。上海建设"四个中心"和社会主义国际化大都市的意义也在于此。为吸引更多的跨国公司总部和更多的高端人才入驻上海，促进创新驱动发展，提高上海在全球竞争中的能级，必须为其提供良好的社会环境和居住生活条件，安居才能乐业。建设生态宜居的社区，为提高上海全球竞争力，注入了不可缺少的社会资本。之所以讨论建设居住社区的意义，是在于增强规划工作的使命感和责任心，提高规划设计的自觉性。

四、在新形势下居住社区规划何为

建设生态宜居、依法自我管理的社区是居住社区建设的新指向、新起点，要求居住社区规划在新的起点上要有新的作为。建设生态宜居、依法自我管理的社区，也为《上海大型居住社区规划设计导则》（以下简称《导则》）所提出的"构建社会和谐、功能完善、交通便捷、生态宜居、活力繁荣城市社区"的规划目标，赋予了新的涵义，要求居住社区规划更多地关注社会发展，更加注重居民的权益和需求。以此为契机，进一步完善《导则》的相关内容，指导居住社区规划设计，努力实现上述规划目标非常重要。举其要者，建议如下。

（一）构建合理的居住社区规划空间结构

所谓结构，是物质系统内各组成要素之间的相互联系、相互作用的方式。是物质系统组织化、有序化的重要标志，是系统具有整体性、层次性和功能性的基础和前提。正如建筑需要结构保障其坚固、安全，居住社区也需要合理的结构保障其运行有序和整体功能的发挥。《导则》所指的大型居住社区，是一个 5 平方公里、居住 10 万人口的地域，相当于一个小城市的规模，构建合理的规划结构十分必要。

由于《导则》制定背景的原因，突出了居住社区整体发展要求，这是必要的。但是，忽视了保障社区整体发展的规划结构。虽然第七条题目是多层级的布局结构，但其内容却是三类街坊的不同控制要求，并非相互联系的具有层次性的规划结构。

居住社区规划结构是一种空间系统，其组成的各种物质要素，住宅、公共服务设施、道路和市政公用设施等，具有很强的功能性、层次性、相关性，呈网络状关联。其服务对象是社区居民，要满足人们不断增长的物质文化需求，并按照服务人口的多少合理配置。社区又是社会基层组织形式，居住社区的规划结构要与社会管理系统相协调，要适应社会管理体制改革的需要。在创新社会管理，加强基层社会管理和服务体系建设的新要求下，社区规划结构与社会管理系统相结合更显得重要。建议以街道办事处辖区——居委会辖区——街坊三个层次的地域为平台，对应其综合管理——服务管理——自我管理三级管理特点，构建社区——街坊规划结构。这个结构看上去与传统居住区的规划结构相似，但其内涵与过去有质的不同。本来居住社区规划就是居住区规划的发展与提高，相应的规划结构的螺旋式上升是很自然的。

（二）完善居住社区公共服务设施配置

公共服务设施是社区的基本要素，是建设生态宜居社区的重要内容，但却是历年来居住区建设没有解决好的一大难题，居民反应强烈。究其原因是多方面的：有开发建设方面的原因，或因建设主体多头，不能统筹同步配置，或因分期建设不能满足早期入住居民的需要；也有规划设计方面的原因，由于布局不合理，造成居民使用不方便，商家不愿入住经营；还因为居民需求的变化，或因为配置规范标准不完善，居民需要的设施未能配置等。

另据有关部门对常住本市的境外人士所需公共服务设施满意度的调查显示，儿童教育设施、住房、休闲娱乐设施是不能满足他们需求的前三位设施。这从另一个侧面反映了完善社区公共服务设施配置的必要性。

完善居住社区公共服务设施配置，要根据加强基层服务体系建设的新要求，把握居民生活的新需要，并参考国家标准《城市居住区规划设计规范（2002年版）》GB 50180—1993进一步完善。上海市居住社区公共服务设施配置标准现有两个：一个是1996年12月13日市建委批准的《城市居住区公共服务设施设置规定》；一个是2011年6月17日市府办公厅批复的《上海市控制性详细规划技术准则》。对比两者的社区公共服务设施配置标准，出入较大。建议充分听取社区居民意见，在深入调查研究的基础上，修订完善居住社区公共服务设施配置规范标准，并按照社区规划结构分级配置。新的规范标准要充分考虑城市居民购物模式的变化。据商业部门调查，上海城市居民购物已趋于"两点一线"模式，即菜场、超市、网上购物。还要充分考虑伴随着人民生活水平的提高和人口结构的变化，居民对社区公共服务设施的要求会相应提高和变化。由于规划地域的情况也各不相同，因此，规范的执行既要据以遵照，也要根据实际需要为规划设计人员留有调整的空间。规划还要本着可持续发展要求，为居住社区分层次预留公共服务设施发展备用地，近期可以先绿化，并向社区居民明示。

（三）满足老年人生活需要

人口老龄化是我国新时期发展必须面对的重要课题，更是居住社区规划面临的严峻挑战。据2010年国家第六次人口普查统计，我国60岁以上的老年人口已达到1.78亿人，占人口总数的13.26%，成为世界上唯一老年人口过亿的国家。预测到2013年底，我国老年人口将超过2亿人，2050年前后将达到4.8亿人左右，超过我国总人口的1/3，占世界老年人口的1/4，成为世界上人口老龄化程度最高的国家之一。上海人口老龄化的程度和速度又高于全国水平。据 2013 年 3 月 22 日《文汇报》刊登的最新数据显示，截至 2012 年底，上海市 60 岁以上的老年人口达到 367.32 万人，占总人口的 25.7%。与上年相比，人口增加了 19.57 万，增长 5.6%。再对上海老年人口年龄结构及其占总人口的比例分析：65 岁以上的 245.27 万，占比 17.2%；70 岁以上的 169.13 万，占比 11.9%；80 岁以上的 67.03 万，占比 4.7%，上海人口老龄化的挑战进一步加剧。大部分老年人落脚在社区，社区能否为他们提供更多的服务和帮助呢？上海现有社区助老社 231 个，服务 27.2 万人。社区老年人助餐服务点 492 个，受益人数 4.4 万人，杯水车薪啊！近几年，为解决住在旧社区老工房内的老年人上下楼梯困难加装电梯问题，由于种种原因至今未能解决。作为"老、弱、病、残"弱势群体中人数最多的老年人，其生活需求急待解决。

满足老年人的生活需求，不仅关系到老年人的切身利益，也牵动着千家万户，关乎我们每个人的生活方式和生存状态，是一项保障人权、促进社会和谐的重要举措，也是一项常态化综合性的社会系统工程。我国《老年人权益保障法》提出建立"居家为基础，社区为依托，机构为支撑的养老服务体系。"居住社区规划应当贯彻执行，《导则》应当提出具体的指导意见。由于在以往规划中，这是一项薄弱的工作，有必要作深入细致的研究。一是要区别不同年龄段、不同身体状况的老年人个体差异，详细了解他们的生活需求，分析他们的行为特点。二是分析实现"老有所养、老有所医、老有所为、老有所学、老有所乐"目标对社区层面的要求，研究居住社区规划如何保障。三是立足国情、市情，借鉴国外养老事业好的做法。在调查研究的基础上综合分析，并参考国家《城镇老年人设施规划规范》GB 50437—2007，提出具体的指导性意见。

以上建议是针对认识到的几个问题提出来的，并不全面。《上海市大型居住社区规划导则》试行已有 4 年，在新形势下，应当以党的十八大精神为指导，对其实践成果进行评估，总结成功经验，查找规划编制和实施中存在的主要问题，研究提出改进的对策，完善《上海市大型居住社区规划导则》的内容和相关法律规范，使之更有效地指导居住社区规划设计，期盼在新的起点上有所发展，有所突破。

（本文刊于 2013 年第 3 期《上海城市规划》）

简议住区生态建设的几个问题

20世纪50年代以来，人类面临的人口猛增、粮食短缺、能源紧张、资源破坏和环境污染等五大全球性问题，导致"生态危机"逐步加剧、经济增长速度下降，局部地区社会动荡。这就迫使人类重新审视自己在生态系统中的地位，努力寻求长期共存和持续发展的道路。这些工作逐步渗透到资源、人口、社会、经济、农业、工业、规划、建筑、环境、旅游等领域。20世纪80年代，我国生态学家马世骏先生为探索经济、社会持续发展的途径，提出了"生态建设"的概念。所谓生态建设，是指运用生态学原理，通过生态工程、生态规划和生态管理的措施，在各个层次上调控、改造生态系统，尤其是人工生态系统的结构、功能及其内部关系。生态建设应该是21世纪人类必须密切关心并认真研究解决的问题，是规划师、建筑师的历史责任。

城市是经济、社会发展的载体，是人类最大的住区，是一个经济、社会、文化和自然的复合生态系统。住区生态建设要研究城市建设，尤其是住宅建设与经济、社会、自然环境的相互依存和互为因果的关系，并研究住区建设形成的人工生态系统结构、功能及其内部关系，以求得经济、社会和自然的和谐共存与发展。因此，住区生态建设不是简单的增加绿地面积的问题。它是一个全面、协调和可持续发展的问题。改革开放以来，上海市的住宅建设，无论是规模、速度，还是质量、标准，都有了很大的提高，居民的居住条件有了很大的改善，这是一个不容置疑的事实。另外，我们从住区生态建设的角度分析这些年来住宅建设的状况，也存在着若干不容忽视的问题。现就自己对某些问题的一些初步认识提出来与大家共同讨论。

一、住宅建设的规模、速度和标准问题

住宅建设的规模、速度和标准反映了一个国家的经济社会发展水平。据有关资料表明，目前世界上经济较发达国家人均居住建筑面积平均为35平方米，其中，美国为60平

方米，英国、法国、德国为 37~38 平方米，日本为 31 平方米。与发达国家相比，我国住宅建设水平还有较大的差距，住宅建设具有较大发展空间。回顾本市住宅建设的发展，可以发现，住宅建设受到经济发展水平的制约。从住宅建设每年竣工面积分析，中华人民共和国成立初到"一五"计划期间平均为 41 万平方米，"二五"计划期间平均为 75 万平方米，国民经济三年调整期间平均为 46 万平方米。改革开放以来,本市住宅建设有了飞跃的发展，近几年住宅建设每年竣工面积更是达到了 1500 万平方米左右的水平，比"二五"计划期间提高了 20 倍。对这种规模和速度的认识，一方面我们可以看到，改革开放促进了经济发展的快速增长；另一方面我们应该看到，在计划经济年代，"重生产、轻生活"所产生的对住宅需求的巨大空间。住宅建设持续发展必须与经济发展水平相适应，必须看到我国还是一个发展中的国家，人口多、底子薄，要赶上发达国家的水平需要一定的时间。住宅建设的持续发展水平还必须与居民的收入水平相适应，住宅的建设量要与市场的消费量相协调。今后若干年住宅建设的规模与速度是值得政府及有关学界认真研究的一个问题。

再从住宅建设的标准看，住宅建设标准的提高，也应该与经济、社会发展水平相适应，并应该以最大多数人的需要为出发点。从世界范围来看，近代住宅的发展，大体经历了四个阶段：第一个阶段是每个家庭要有房子住；第二个阶段是每个家庭有一套设施齐全的住房；第三个阶段是每个家庭成员有一间带卫生设备的住房；第四个阶段是每个家庭有两套住房（住宅＋别墅）或有一套更高标准的住房。从大多数居民的收入水平及住房需求看，我们还处在第二阶段。改革开放以来，上海建造了不少独立式花园住宅、高级公寓及其他高标准的商品住宅，这对于满足一部分收入较高的外商驻沪人员、华侨和白领阶层固然是需要的，但对于广大的工薪阶层、工人群众来说，买不起、住不起，只能望房兴叹。住宅标准和价位有年年攀高的趋势。改革开放以来，人民群众的收入和生活水平确实有了很大的提高，但是目前的住宅标准和价位与中低收入的家庭购房能力与住房需求相去甚远。对此情况已引起市政府的重视，通过行政干预，2004 年计划建设 300 万平方米中低标准住宅用于重点工程动迁。但是，从总体需求看，300 万平方米仅占年竣工住宅面积的 1/5，而中低收入家庭所占的比例何止 1/5？因此，从大多数居民需求出发，制定住宅建设指导标准，平抑住宅销售价格，已是刻不容缓的了。

二、住宅建设节约土地资源的问题

住宅建设要节约土地资源、水资源、能源和其他资源，是生态建设的重要内容。现仅就节约土地问题，从城市规划角度谈些看法。

土地，尤其是耕地是人类赖以生存的基本条件。我国是一个人口众多、耕地相对较少的国家，本市人均耕地面积仅有 0.3 亩。节约用地是我国的一项国策。住宅建设建筑量占城市建设建筑量的一半以上，节约使用土地，尤其显得重要。节约用地并不是用地越少越好，而是体现在用地的经济性和合理性，因此要从城市规划抓起。一是城市的建设用地的安排一定要综合考虑耕地（特别是基本农田保护区）和自然生态保护区的保护。二是要重视地下空间利用规划，向地下要发展空间，尤其像上海这样的特大城市更显得必要。国外某些大城市已有这方面的成功经验，我们还刚刚起步，规划的力度还不够，建议加大这方面的工作力度。三是要着重研究城市用地布局如何减少交通量，营造居民就近工作、购物、上学的环境，减少交通容量。这对于方便居民、节约能源、改善环境都十分必要。四是居住区规划的评估一定要评估用地使用效率，评价用地的经济性和合理性。在这方面是规划评估的一个薄弱环节。规划评估往往注重布局、形态、景观，缺乏对用地平衡表的评审，甚至很多居住区修建性详细规划根本不提供用地平衡表，让人无法评估，当前居住区使用地存在着两种倾向，即容积率过高和绿化用地过大。容积率过高，高强度开发，表面上看是提高了土地使用效率，但由此带来的负面影响，诸如建筑密度过大，日照不足，交通容量增加，环境质量降低等。对此，居民的意见很大，市政府已出台了"双增双减"政策，降低住宅容积率。而绿化用地过大的问题尚未引起足够的重视。

三、居住区规划问题

生态建设提出了生态规划的内容。作为居住区规划也必须综合协调经济、社会与自然的和谐发展，为居民营造幸福的家园，其核心是以人为本。以人为本不是一句空洞的口号，而是实践经验的总结。早在几千年前，我国《黄帝宅经》上说："宅者，人之本。人因宅而生，宅因人得存。人宅相扶，感通天地"。住宅建设不是只造房子，是建设供人居住的住区，因此，居住区规划以人为本，重点是满足居民的生理需求和居住生活行为需求。

要满足居民的生理需求，住宅区规划就要在改善住宅区的空间环境、声环境、日照环境、视觉环境上下功夫。在绿地规划中要多栽树，恰当地选好树种，合理地配置乔木、灌木和草地的比例，精心做好绿地规划。有城市噪声的地段，要配置防噪声的措施。住宅规划要满足日照间距，要避免视线干扰，尊重住宅的私密性。住宅群体组织，要争取良好的空间感，使住宅环境宜人。

要满足居民居住生活的行为需求，就要分析住宅区居民的行为特征。住宅区居民行为有其自身的特点，主要有三种行为：必须的生活活动行为（如上班、回家、上学、购物等）、选择性的活动行为（如老人休闲活动、散步、晨练、儿童游戏等）和社会性的活动行为（如社区内交往等）。住宅区规划要充分考虑住宅区出入口的位置，既不要与城市交通有冲突，又方便居民上班交通，交通流线要便捷。各种公共服务设施配置要有合理的服务半径。公共绿地规划要充分考虑老人、儿童活动场地和有关设施。住宅区内要有邻里交往的空间等，使生活在住宅区内的居民感到方便、安宁、温馨。

从生态建设角度看。当前居住区规划建设中存在着几个误区：一是片面追求景观。景观是居住区规划内涵的表象，居住区的景观的营造也要以人为本，如果不顾居民的生理需求和居住生活的需求片面追求景观，则是本末倒置。现在有些居民区规划把景观作为"亮点"，开发商也把景观作为"卖点"，甚至把城市景观的若干做法搬到居住区来，搞轴线、广场、喷泉，这不是居住区景观做法。二是移栽大树。居住区内多栽树，对于改善居住区空气环境，提高居住区环境质量是件好事。问题是把其他地区的大树挖来移植，恰恰是破坏其他地区的生态环境，谈得严重点，是一种损人利己的行为。三是水面过多、过滥。如果结合开发基地内的自然现状，充分利用原有水系适当梳理，尽可能少地不破坏原有生态环境，则是一种好的做法。问题是有的居住区开发基地，不顾现有自然条件挖湖、开河，甚至把原有的河道填没，重整山河，这不仅打乱了原有的水系，引发新的矛盾，而且也增加开发成本，长期的水质净化也增加能耗和管理费用。

上海已被国家评定为园林城市。一方面，这意味着上海住区生态建设已取得了喜人的成绩；另一方面，我们必须认识到，住区生态建设的目标是建设生态城市，园林城市不过是通往生态城市的一个台阶。生态城市是社会、经济、文化和自然高度协调和谐的复合生态系统，生态建设是一项庞大的系统工程，涉及的内容十分广泛，从纵向上有不同层次，从横向上有不同方面。我们对这个问题仅有了一些初步的认识，推进住区生态建设任重而道远，只要我们潜心研究，认真借鉴，努力工作，上海成为生态城市的目标一定能够实现。

（本文是 2004 年作者在"上海人居与信息化论坛"的交流论文，被评为优秀论文）

历史文化遗产保护

从两座博物馆的困境说开去

胡锦涛同志在党的十七大报告提出了"推动社会主义文化大发展大繁荣"的战略任务，要求"弘扬中华文化，建设中华民族共有精神家园"。报告中指出："中华文化是中华民族生生不息、团结奋进的不竭动力。要全面认识祖国传统文化，取其精华，去其糟粕，使之与当代社会相适应、与现代文明相协调，保持民族性，体现时代性。"并提出了加强中华文化传统教育，重视对各民族文化的挖掘和保护，开发利用民族文化丰厚资源，加强对外文化交流，增强中华文化国际影响力的具体要求。因此，挖掘、保护、弘扬、交流我国传统文化，是各级政府一项重要的、长期的任务，要在具体的建设和管理工作中切实加以落实，更加自觉、更加主动地推动文化大发展大繁荣。

上海是我国历史文化名城之一。在不同的时代沉淀和创造了丰富的文化成果，应该切实地加以保护和弘扬。2010 年在上海举办的世博会，为宣传、交流我国传统文化，提供了一次难得的机遇和良好的平台。以此为契机，充实世博会中我国传统文化的展示，加强现有传统文化展示场馆的建设机不可待，尤其要重视在这方面存在着的薄弱的和被忽视的盲区。以下反映两件案例，提供给有关部门举一反三，研究解决传统文化保护中急待解决的问题。

一、上海工艺美术博物馆场地不足

上海工艺美术博物馆设立在汾阳路 79 号一处市级文物保护建筑内。占地面积 5862 平方米，用于工艺美术品展览的一幢三层楼面积 1500 平方米。一楼展览民间工艺品，二楼展览雕刻工艺品，三楼展览织绣工艺品。目前存在的主要问题是场地不足。三个楼层展品已摆得满满当当，十分拥挤，难以符合博物馆规范展览的要求，很多最新的工艺美术精品无法纳入展览，目前的展品比较陈旧，也无人讲解，缺乏与参观人员的互动博物馆。每年还要举办 6~8 个机动特展，不得不安排在占用花园搭建的临时建筑。博物馆有 50 余名工艺美术专业人员现场制作，因无专用工作室，只能挤在展厅内，缺乏专业研讨交流和培训的场所。由于文物保护建筑的保护要求，原址无法扩建。博物馆经常接待外宾，缺乏大客车停放场地，不得不在城市道路上停车，影响交通。

二、上海翰林匾额博物馆有匾无馆

匾额是我国自秦汉流传下来的一种礼仪习俗样式。它多以木制为主，一般悬挂在殿堂、亭榭、书斋、商铺的室内或其门额上方，也有的镶嵌在牌坊中。其内容则按科举中第、清廉为民、孝贤功德、家训警策、婚丧寿诞、经营主旨等礼仪或警示需要，由同代名人或书法家撰写的文辞、题款，刻制在匾额上，并辅以各种吉祥饰样，形式琳琅满目。匾额成为历代弘扬社会正气、宣扬道德伦理、陶冶修养操守、促进社会和谐的重要媒介。它是一笔集我国传统精神文化、文辞、书法和工艺之美的历史文化遗产。由于这些年来城市建设和村镇改造中房屋拆迁，大量有价值的匾额被丢弃、散失。匾额习俗也由于种种原因逐渐被淡漠，面临着濒绝失传的危险。

值得庆幸的是，改革开放以来，我国政府非常重视历史文化遗产的保护工作，国家颁布了《文物保护法》，国务院颁布了《传统工艺美术保护条例》，近几年政府又组织了全国文物普查和物质文化遗产、非物质文化遗产的申报工作。党的十七大更将弘扬中华文化提高到推动社会主义文化大发展大繁荣战略任务的高度。社会上的有志之士和民间组织也参与历史文化遗产的保护工作，设立在虹许路731号一处厂房内的翰林匾额博物馆就是其中一例。

翰林匾额博物馆的匾额收藏人是一位姓洪的先生。他自1995年开始，组织人员到各地村镇收购散失在民间的匾额，并借用虹许路731号一处停产不用的厂房和朱家角寺庙的闲房存放。至2004年已有相当的数量，他又利用虹许路的厂房并租借朱家角阿婆茶楼展出部分匾额。为了研究匾额的文化内涵，他还联合复旦大学文博学院，在虹许路的厂房内成立了匾额研究室，由文博学院教授指导研究生进行相关的研究。至今收藏的匾额近1100方，其收藏量为全国之最（据了解，洛阳博物馆匾额收藏量为600方）。按匾额的年代分，宋朝1方，明朝12方，清朝800余方，民国200余方。其中官宦匾主要集中在清朝，有状元匾30方（占清朝状元人数的26%），宰相匾33方（占清朝汉族宰相人数的28%），翰林匾264方。另外尚有重要的民国要员匾16方，家族堂号匾100余方。2006年6月洪先生申请设立翰林匾额博物馆，已经上海市文化主管部门批准。2007年申报将匾额列入市级非物质文化遗产亦经上海市主管部门组织评审批准。上海市又将匾额申报国家级非物质文化遗产，目前正在组织评审中。匾额博物馆的建立与展示，已经引起有关领导和相关方面的注目和称赞。时任中共上海市委书记的习近平同志、国务院副总理吴仪同志、世博局常务副局长钟燕群同志都结合视察工作，先后参观过朱家角阿婆茶楼中的匾额展示，并予以赞扬。国民党主席连战先生访问大陆时，也曾到朱家角阿婆茶楼饮茶并观赏其中展示的匾额，匾额作为中华文化成为联系海峡两岸炎黄子孙的精神纽带。法国驻沪领事馆文化参赞鱼得乐先生参观了匾额之后，即表示愿将匾额列入中法文化交流项目，组织到法国展览等。匾额博物馆的建立与运营，不仅仅局限于匾额的展示，他们正在利用匾额文化资源，向深度和广度开发，为构建和谐社会服务：一是继续深化匾额文化的研究，取其精华，去其糟粕，与现代文明相协调，使匾额博物馆成为宣传祖国传统优秀文化，促进社会主义精神文明建设的教育阵地；二是依托匾额博物馆，辅以经营茶座，并组织各种非物质文化遗产的表演，为社会提供公共休闲活动场所；三是筹备开发匾额衍生产品，为各种礼仪需要（如评优、祝寿、婚宴、比赛等）和旅游纪念，提供富有民族文化特色的纪念品；四是视条件可能，组织国内外匾额巡展，为文化交流服务。对于匾额这样一种抢救之中的祖国历史文化遗产，匾额博物馆的设立与运作是一个转机，但是，他们面临的主要问题是有匾无馆！现在借用的虹许路 731 号厂房和朱家角阿婆茶楼只是权宜之计，前者面积不到 200 平方米，后者面积也只有 300 平方米，绝大多数的匾额还堆放在仓库内。他们多方设法，四处觅址，徐汇区龙华旅游城答应，结合旅游城改造可以提供馆址，但旅游城改造尚在计划之中，真可谓杯水车薪，远水近渴。

　　上面反映的两个案例的共同点都是场所的矛盾。前者展品类型多样且社会认知度高；后者展品比较单纯，社会认知低，濒于失传，急待抢救。解决博物馆场所不足或有无的矛盾，要远近结合，建议如下：

　　近期：以 2010 年上海世博会为契机，结合展示我国优秀传统文化，解决部分博物馆的场所矛盾。

　　最近，上海世博会主题演绎顾问、上海图书馆馆长吴建中教授，在重庆图书馆所做的关于世博会的讲演中，全面分析了世博会从 1851 年创办到现在历届世博会主题演变的过程，其结论是，"世博会实现了从'展品和技术'为主，向以'文化和理念'为主的转变。"他认为，上海世博会"更重要的是要展示反映世博会主题的理念和文化，并将这一主题思想充分反映在场馆建设、论坛交流以及节庆活动等各类世博活动之中。"因此，上海世博会是宣传我国优秀传统文化，让世界了解中国的一次难得机遇，我们应该充分利用世博会平台展示中国传统文化，其中就包括各类工艺美术产品和匾额，在场馆的安排和建设中应该为其留有一席之地，其实有些场馆可以利用保留的建筑加以装修、改造，如三山会馆、江南造船厂保留下来的建筑等。有的博物馆如果安排得当，在世博会举办后，也可以结合永续利用长期存在下去。

　　远期：把解决博物馆场所矛盾，纳入本市文化事业和产业发展的规划之中，统筹安排解决。

　　解决博物馆场所矛盾不宜"头痛医头，脚痛医脚"。应该从落实党的十七大提出的"推动社会主义文化大发展大繁荣"战略任务的高度，将其纳入到经济、社会和文化事业科学发展规划之中，统筹解决。其中涉及两个认识问题：一是必须充分认识工艺美术和匾额的文化价值、产业价值、就业价值和市场价值。对其发展给以足够重视。据《文汇报》2007年11月27日报导："上海目前从事工艺美术行业的企业约有3000家，从业人员6万，营业年收入近2000亿元。"可见经济、社会和文化事业的发展是相辅相成密切联系的。二是博物馆的建设和发展是一个国际大都市发展的必要的内容。据有关资料提供的国际大都市博物馆数量，东京121个，洛杉矶52个，巴黎211个，伦敦203个，纽约107个。我国是个文明古国，北京市的博物馆也有118个。据了解，上海市城市规划局曾接受有关部门委托，做过《上海市百座博物馆选址研究》，充分结合优秀历史建筑的保护和利用，提出了百座博物馆选址方案，市文化主管部门是否可以据以研究落实呢？

　　　　　　　　（本文是作者于 2007 年 12 月向市政协反映的社情民意。）

青浦古村落、古民宅、特色村庄调研报告

一、综述

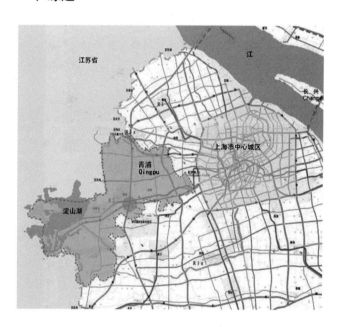

（一）调查的背景和目的

1. 背景。本课题调研基于下述情况和工作的需要。

（1）"十一五"期间新农村建设的需要。建设社会主义新农村是我国《中华人民共和国国民经济和社会发展第十一个五年规划纲要》确定的战略重点和主要任务之一。《中共中央、国务院关于推进社会主义新农村建设的若干意见》中，提出了"村庄治理要突出乡村特色、地方特色和民族特色，保护有历史文化价值的古村落和古民宅"的要求。国务院国发〔2005〕42 号《关于加强文化遗产保护的通知》强调，在城镇化过程中，把保护优秀的乡土建筑等文化遗产作为城镇化发展战略的重要内容，把历史文化村镇保护规划纳入

城乡规划。本市郊区农村的建设和治理将按照上述要求实施。为此，市规划局组织本市市域"1966"城乡规划体系的深化和新郊区建设的推进工作，并委托市城市规划行业协会对本市郊区古村落、古民宅和特色村庄进行调研。

（2）实施相关法律规范的需要。修订后的《中华人民共和国文物保护法》，于2002年10月28日第九届全国人大常委会第三十次会议审议通过并颁布实施。《中华人民共和国文物保护法》第十四条规定："保护文物特别丰富并且具有重大历史价值或者革命纪念意义的城镇、街道、村庄，由省、自治区、直辖市人民政府核定公布为历史文化街区、村镇，并报国务院备案。"2004年，国家建设部第119号令颁布了《城市紫线管理办法》，并于同年2月1日实行。所谓城市紫线，是指依法核定的历史文化街区的保护范围界线，以及历史文化街区外经县级以上人民政府公布保护的历史建筑的保护范围界线。城市规划行政主管部门依法对城市紫线范围内的建设活动实施监督、管理。实施上述法律规范，首先要确定需要保护的历史文化街区、村镇和历史建筑。本市中心城范围内的上述保护对象已基本核定，市规划局又组织了对本市郊区和浦东新区32片历史文化风貌区（即历史文化街区）及相关历史建筑的调研，并报经市政府批准核定。但是，上述调研成果仅限于建制镇镇区范围，尚未涉及农村地区，需要进一步拓展至农村地区进行调研。从上海郊区农村现实情况看，在经济、社会发展过程中，对具有历史文化价值的古村落、古民宅等保护工作薄弱，伴随着城镇、乡村建设和农民住房改建很多已被拆除。如果再不管不问，不采取措施保留、保护，势将荡然无存。对其进行调研十分必要。

（3）研究上海新郊区特色风貌的需要。在本课题调研开展之际，市规划局又安排了《上海新郊区特色风貌研究》、《上海市近郊特色村落调查研究》和《金山区农村地区风貌规划研究》等课题。经局研究，将上述调研课题和本调研课题分工、整合，更好地发挥各项调研成果的作用。确定《上海新郊区特色风貌研究》课题是总课题，其他课题（包括本课题）是分课题。本调研课题侧重于实证调查，其与总课题的关系是点与面、基础资料与理论研究的关系。

2. 目的。本课题调研的目的如下：

（1）推荐本市郊区农村需要保留、保护的有一定历史文化价值的古村落和古民宅等历史文化遗存。

（2）推荐具有乡村特色、地方特点的村庄，为新农村建设提供参考和启示。

（3）为《上海新郊区特色风貌研究》提供基础性的资料和建议。

（二）调研的范围和重点

1. 范围。本课题调研范围为青浦区建制镇镇区以外的农村地区。之所以确定上述调研范围，一方面由于本市郊区农村地域广大，进行全面调研需要较多的人力和时间，市城市规划协会的力量难以承担。经与市规划局有关领导研究确定，选择历史文化遗存相对比较丰富的青浦区作为调研的切入点，在取得经验的基础上，推广到全郊区普查。另一方面，根据市规划局《关于开展历史文化风貌区和优秀历史建筑普查工作的通知》，青浦区规划局已经对本区建制镇镇区范围内的历史文化风貌区和优秀历史建筑进行了普查，相应确定了历史文化风貌区的保护范围、建设控制地带，推荐了优秀历史建筑。故本课题调研范围仅限于青浦区建制镇镇区以外的农村地区。

2. 重点。根据本课题调研的目的要求，重点调研以下对象：

（1）历史建筑相对集中的、空间格局和地段景观比较完整的、反映上海青浦农村传统乡土民居文化特点的古村落。

（2）建造年代比较久远，建筑样式、结构、构造有一定地方特点的古民宅和其他历史遗存等。

（3）依托当地自然条件形成、发展，具有较好环境特色的村庄，或者发挥当地资源优势发展产业，取得较好效益的特色村庄。

（4）近几年按照规划建成的比较典型的农民新村。

（三）青浦区自然环境和历史沿革

1. 自然环境。青浦全区面积 669.7 平方公里，约占上海市域面积的十分之一。全区地势平坦、海拔较低，境内河网纵横、湖荡群集，水域面积 149 平方公里，占全区面积的 22.2%。全区共有河道 1817 条，累计长度 2155 公里；共有湖荡 21 个，总面积 59.3 平方公里。其中跨越市界的淀山湖面积有 62 平方公里，在青浦区内有 46.7 平方公里。淀山湖既是上海主要的供水水源之一，也是重要的休闲、旅游自然资源。青浦区得天独厚的自然环境，形成了独具特色的江南水乡特点。

2. 历史沿革。青浦区 7000 年前已成陆，6000 年前已有先民居住，留下了众多的古文化遗址。已发现的福泉山、崧泽、寺前村、金山坟、刘夏、骆驼墩、塘郁、颐浩寺等古文化遗址，跨越了新石器时代、战国、西汉、唐、宋、元、明等若干时期。这些古文化遗址中的大部分分布在农村地区。

东晋时期，青浦是当时的海疆边防重地。现今白鹤镇的沪渎村，尚留有"沪渎垒"古烽火台遗址。上海市简称的"沪"是古时捕鱼的一种工具。"沪渎垒"遗址与上海"沪"的简称也有间接的渊源关系。唐朝天宝年间，在今白鹤镇境内设青龙镇即今陈岳村，初为边防重镇，后发展为对外贸易的港口。宋朝时期，镇上商贾云集，市井繁荣。明嘉靖年间设县制，县衙就在青龙镇，后改名青浦镇。之后，县治移至唐行镇即今青浦老城厢。

中华人民共和国成立以来，青浦与全国一样，经历了国民经济恢复，第一个五年计划建设，"大跃进"、"人民公社"、农业学大寨，"文化大革命"，改革开放快速发展等历史阶段，现在的青浦区城镇化、工业化有了很大的发展，村镇面貌有了很大的改观，正向着"绿色青浦"迈进！

青浦还是近代革命活动地区之一。清朝末年小刀会起义，其起义古战场就在今白鹤镇域内。练塘镇是无产阶级革命家陈云同志的出生地。该镇区还留有小蒸农民暴动旧址。1945年新四军在白鹤镇一带活动，也留下了革命遗迹。朱家角镇还有民主人士柳亚子别墅等。

青浦历史上经济、社会的兴衰变化，遗留下了数量众多的古村落、古民宅、古寺庙、古园林，以及商业和公共设施等古建筑。由于青浦河网纵横，历代营建的古桥也较多。青浦以其众多的历史文化遗产闻名，至今已核定的文物保护单位有54处（其中，国家级一处，市级8处，区级45处），登记不可移动文物50处；在朱家角、青浦区城厢、金泽、练塘、重固、蟠龙、白鹤7个古镇镇区，相关地段已核定为历史文化风貌区，相应推荐了83处优秀历史建筑（尚待核定）。

青浦区现设夏阳、盈浦、香花桥三个街道和赵巷、徐泾、华新、重固、白鹤、朱家角、练塘、金泽8个建制镇，下辖61个居民委员会和184个行政村。

（四）调研的组织方式

1. 人力组织。本课题调研得到同济大学建筑与城市规划学院的鼎力相助。经与同济大学建筑与城市规划学院城市规划系研究，结合学生的社会实践教学，由城市规划系三年级10位同学组成调研组，在一位老师和两位研究生领导下，利用暑假时间进行调研。调研伊始，协会说明了调研的目的、任务和要求，并对调研全过程进行指导。在调研过程中，青浦区规划局和各相关镇政府给予了大力协助和支持。

2. 调查过程。本课题调查分三个阶段。

（1）普查。青浦区共有行政村184个。调研人员分小组对其中的144个行政村的现状情况进行了普查，初步确定了需要深入调研的古村落、古民宅、特色村庄和农民新村名单。其余尚未调研的40个村庄的情况是：已划入青浦新城、青浦工业园区和其他建制镇建设规划范围的村庄30个；已确认无历史文化遗存的村庄3个；因时间限制和交通不便未去调研的村庄7个。

（2）重点调研。对普查确定需要深入调查的古村落、古民宅、特色村庄和农民新村，调研小组分片负责进行了重点调研。通过现场拍照、查阅有关文献资料、访问、座谈，并印发调研问卷，尽可能地收集有关信息和资料。

（3）整理调研成果。协会有关人员与调研组研究了调研报告的内容要求。先由调研小组对所收集的材料进行整理，分组提供素材，再由两位研究生汇总，形成综合报告。协会有关人员对综合报告进行了审核、修改，并在综合报告的基础上进行分析、归纳，提炼，撰写最终的调研报告。

（五）调研成果综合

通过调研，共筛选出古村落 7 处，古民宅 168 幢，特色村庄 17 处，古桥 13 座，名木古树 14 株，其他古建筑 6 处、古迹 3 处。另外，对 4 处农民新村进行了重点调研。以上调研成果简况见表 1。

调研成果简表　　　　表 1

类型	主要情况	合计数量
古村落	白鹤镇：塘湾村陈岳村、赵屯集镇赵屯老街 重固镇：章堰村章垱村 朱家角镇：安庄村和平村、庆丰村、沈巷集镇老街 徐泾镇：蟠龙村蟠龙村	7 处
特色村庄	环境特色村：白鹤镇梅桥村杨梅村等 8 个 产业特色村：金泽镇新港村等 8 个 民俗特色村：金泽镇蔡浜村	17 处
农民新村	金泽镇：陈东村、任屯村 白鹤镇：五里村 徐泾镇：前明村杜家新村	4 处
古民宅	白鹤镇：29 幢 重固镇：35 幢 练塘镇：43 幢 朱家角镇：30 幢 徐泾镇：13 幢 金泽镇：11 幢 夏阳街道：7 幢	168 幢
古桥	白鹤镇响板桥等	13 座
名木古树	白鹤镇王泾村古银杏等	14 株
其他古建筑	朱家角镇新胜王新村天主堂等	6 处
古迹	朱家角镇童南姚家角清朝将军墓等	3 处

二、关于古村落的调查

（一）概述

在进行调查之前，我们听取了区规划局、区文化管理部门和相关镇政府的意见。当我们把调查意图说明之后，他们认为，由于村落中的民宅是祖传下来的自有住房，多为木结构，年久失修，随着农民生活水平的提高，户内人口的增加，为改善居住条件，大多数民宅已经拆除重建，旧貌换新颜，现存的比较完整的古村落已经没有了。

通过普查，证实了上述判断。但是，也发现了若干尚有一定数量古民宅的村落，古风

古貌依稀尚存，其历史形成的街巷格局还较明显，从中可见村落演进的轨迹，虽然不能构成完整的古村落，尚可称其为具有一定历史文化价值的历史地段，调查只能降格以求。通过深入调查，青浦区这样的村落共有7处，即白鹤镇域的陈岳村和赵屯老街，重固镇域的章堰村，朱家角镇域的和平村、庆丰村、沈巷村，徐泾镇域的蟠龙村。

（二）古村落特点分析

本课题筛选的上述7处古村落有以下特点：

1. 形成年代久远。据查有关文献资料，这些村落的形成年代，陈岳村有1000余年历史；章堰村和赵屯老街始成于宋代，距今有800多年；蟠龙村始建于元代，距今也有600多年；和平村、庆丰村、沈巷村无籍可查，从现存的古民宅房龄分析，也有100年左右的历史。

2. 兴衰变化较大。这几个古村落中的陈岳村、章堰村、赵屯老街、蟠龙村和沈巷村，在历史上曾是繁华的集镇，后因战乱或经济方面的原因而逐渐衰落。例如，陈岳村在唐宋时是青龙镇，明嘉靖年间曾设青浦县治，之后随着吴淞江改道阻碍其发展而逐渐衰落。抗日战争时期，周边市镇的农民到此避难，一度商铺云集。1949年后人口外流，日渐沉寂。又例如，重固镇的章堰村，历史上兴旺时期商业鼎盛，每年六月有庙会，有"金章堰、银重固"之称。清乾隆年间，曾在此设新泾巡检司，之后，商业大多迁至重固，逐渐衰落。1949年以来，特别是改革开放以来，农业生产发展，农民生活提高，村落日渐兴隆，道路、民宅和其他公用设施更新较快。

3. 村落依河而聚。青浦属江南水网地区，区内河网纵横。河流是农村交通的主要载体，也是农业生产和农民生活的主要水源，是农民的生存水脉。这些村落无一不是依河而聚、顺河而建的。河流是这些村落的发展轴线，村落的布局，主要街巷的走势都因循河流而就，取法自然。河流也是构成村庄特色的主要景观因素：村落内小桥流水，水、桥互贯；河岸植被繁茂，水绿交融；民宅顺河而建，水、屋相依，构成了一幅河面扁舟缓行，水上鸭群嬉戏，岸边村民劳作，桥上人、车穿行的、生动的水乡图画，如果失去了河流，也就失去了这些村落的特色。从图1中的6幅照片可见一斑。

图1 村落依河而聚

4.线形村落肌理。这些村落都是自发形成与发展的，是自然聚落。村落的布局是"自组织"过程的结果。由于气候和生活习俗的原因，村民相地构屋，负阴抱阳，十分注重日照要求，民宅基本上都是坐北朝南、左右相邻，屋前则是晒场。村落中街巷比较狭窄，有些尚保留着青石板路面。在看似无序的布局中，存在着有序的线形肌理，成为这些村落的另一个特色。图2是夏阳街道塘郁行政村所辖几处自然村的布局，可见村落依河而聚、顺河而建和线形村落肌理的概貌。

（三）古村落历史地段布局结构分析

河流与道路是影响古村落布局结构的两大要素，主要道路的走向又与河流走向相关。就这些村落中古民宅、古建筑比较集中的历史地段分析，在布局结构上有以下三种类型。

1.十字街型。蟠龙村至今依旧保持着历史上"十字老街"格局（图3）。街道宽度约3.5米左右，沿街古民宅、古建筑比较集中，多是一二层的坡顶建筑，其中也夹杂着若干翻建后的平顶民房。蟠龙村已列入历史文化风貌区。

2.一条街型。分为两种情况：一种是"前街后河"型的，例如陈岳村、赵屯老街（图4）；另一种是沿河一条街型的，如沈巷村、章埝村（图5）。这些村落沿街古民宅、古建筑较

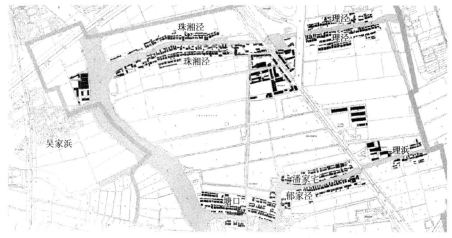

图 2　夏阳街道塘郁行政村所辖几处自然村布局

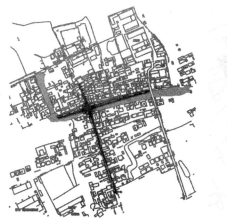

图 3　蟠龙村十字街格局

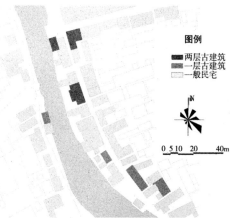

图 4　白鹤镇赵屯老街"前街后河"的布局结构

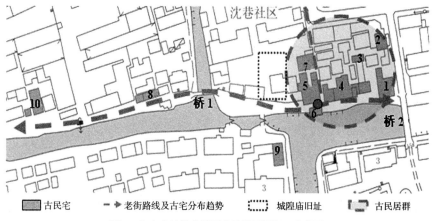

图 5　朱家角镇沈巷村历史地段呈沿河一条街型

为集中。陈岳村留存的古民宅多为清末民国初所建，青石板路仍保持原貌。赵屯老街长约130米，街道两侧有100年左右房龄的建筑11幢，沿河植被、驳岸亦较好。章埝村有100年左右的古民宅35幢。

3. 散在型。这种类型的村落的古民宅虽有一定数量，但多呈散在状态。例如和平村、庆丰村，如图6所示。

图6　朱家角镇庆丰村古民居散在分布情况

（四）古村落历史文化风貌现状

这7个古村落均依河而建，植被繁茂，自然景观较好。但是，其历史形成过程可分为两类：章埝、陈岳、赵屯、沈巷、蟠龙5个村落，历史上曾是较繁华的集镇或水路码头；而庆丰村、和平村，则是在农耕社会自然形成的农村聚落。村落规模前者较大，后者较小；历史文化风貌前者以人文遗存占优，后者以自然风貌取胜。本课题调查所筛选出的168幢古民宅，有98幢在这7个古村落内，其中在前者5个村落内的有86幢，占了一半以上（陈岳村17幢、赵屯老街11幢、章埝村35幢、沈巷村10幢、蟠龙村13幢）。而庆丰村有7幢、和平村只有5幢。现将7个村落的历史文化风貌现状简述如下。

1. 白鹤镇陈岳村。陈岳村位于白鹤镇东，紧靠纪白公路。现有耕地面积1552亩，人口1329人。历史上陈岳村曾是一个集镇，名为青龙镇。后因种种原因而衰落（详见综述中青浦的历史沿革）。陈岳村被两条交叉河流分隔，形成4片地区。现留存古民宅较多、保存较完整的为村东北部一片地区（图7）。历史文化遗存主要有：

（1）古民宅。现留存的具有一定历史文化价值的古民宅主要分布在通波塘以东，建造年代大多在清朝末年民国初期，距今大约有100年的历史，个别已成危房。

（2）古城隍庙。唐长庆元年（公元821年）在村北建有城隍庙，最早称国清寺，后改名隆平寺，曾有塔一座，现塔已毁。寺内原有米芾所书的《陈林隆平寺藏经记》和僧人灵

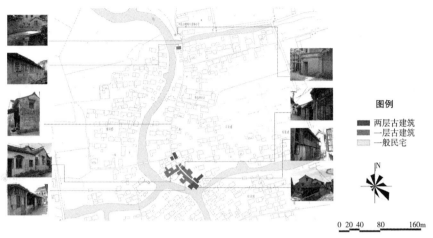

图 7　白鹤镇陈岳村概况图

鉴作的《灵鉴宝塔铭》两座石碑。城隍庙大殿庙墙外留有 1945 年 10 月新四军浙东纵队北撤途经青浦时，部队政治处刷在墙上的两条标语："巩固国内团结，保证国内和平！"；"我们要和平，反对内战！"。相传南宋韩世忠在此地犒劳军队，将士们喝完酒，用酒瓶垒成了"酒瓶山"。

（3）街巷。陈岳村老街基本上保留了历史原貌。现存的青石板路，可能是历史上遗留下来的原物。据街上的老人介绍，青石板路一直保持原貌，只是石板路的两侧原来斜铺的青石板改成了水泥铺地。

（4）古桥。城隍庙南有一座万安桥，又名城隍庙桥。根据《青浦县志》记载，此桥旧名琴桥，因击打桥石音似琴声，故名。该桥于清嘉庆四年（公元 1799 年）重建，为单孔石梁桥，长 3.1 米，宽 2.6 米，重力式桥台，石梁并列成桥面，梁缘雕凿有线条，镂空桥栏，桥虽小却显得古朴端庄。现经多次修缮，已面目全非。南部还有一座居安桥，俗名周家桥，建造年代不详。

2. 白鹤镇赵屯老街，赵屯老街位于白鹤镇东部，相传宋高宗南渡曾屯兵于此，遂有今名。赵屯老街旧名汉城里，南宋时形成集镇，镇濒赵屯浦，鱼市颇盛。

赵屯老街西濒西大盈港，位于赵江滩东路南段，长约 130 米。老街两侧有 100 年左右的古民宅 11 幢，除三幢两层民宅外，余为单层民宅。沿老街的其他建筑大多数为 20 世纪 70 年代由政府投资统一建设的一层坡顶建筑。老街风貌保存较为完好（图 8）。老街建筑背靠西大盈港，河两岸植被繁茂，驳岸自然设置，建筑环境和谐，河道两岸景观较好。

3. 重固镇章埝村。章埝村在重固镇西北 2.7 公里处。相传宋代章庄简公张窑监华亭盐务时，于此筑堰安家，故名。明时商业兴盛。每年六月有庙会，有"金章堰，银重固"之称。清乾隆时在此设新泾巡检司，后逐渐衰落。1949 年后，商铺大多迁至重固，人口外流，遂成一个行政村。

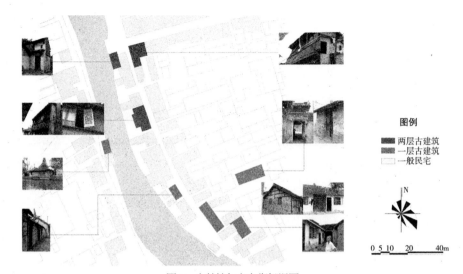

图 8　白鹤镇赵屯老街概况图

"文革"时期开通了崧泽塘，章堰村被分为东西两片。村里有古民宅共 35 幢，大多有 100 年左右的历史，是砖木结构的建筑，有较完整的古村落风貌，但房屋普遍损毁较严重。村内有两处规模较大的院落，为旧时大户人家老宅，一为袁家厅，一为顾家厅，现已破败无人居住（图 9）。

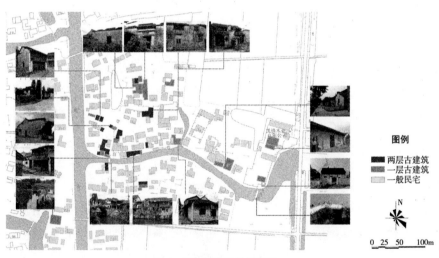

图 9　重固镇章堰村概况图

4. 徐泾镇蟠龙村。蟠龙村自古以来就是很有名的小集镇，因其坐落在蟠龙港西侧，以港得名。现在，蟠龙村已核定为本市历史文化风貌区。

（1）街巷格局。蟠龙村至今依旧保持着历史上的"十字老街"的格局，东西街长 500 米，南北街长 250 米，街宽 3.5 米左右。沿街是保留下来的坡屋顶的古民宅，其中也混杂着一些新建的平顶村民住宅。

（2）古桥。因河流贯穿村落，村内有两座古桥，分别是香花桥、凤来桥。香花桥是区级文保单位，始建于元朝年间（公元1334年），清乾隆五十三年（公元1788年）重建；凤来桥建于清朝嘉庆年间。

（3）古民宅和其他古建筑。蟠龙村现有13幢古民宅，已推荐为需要保护的优秀历史建筑；另有程家祠堂为区级文物保护单位（表2、图10）。在调研中发现，在历史风貌保护区范围之外还有两幢古建筑——镇东的天主教堂和徐光启后裔故居，均建于清代，为木结构房屋。其中徐光启后裔的故居已年久失修。

徐泾镇蟠龙古建筑一览表　　　　　　　　　表2

区位	类型	名称	建成年代	建筑层数	建筑面积（平方米）	建筑结构	建筑原来使用性质	建筑目前使用性质
核心保护区	优秀历史建筑	蟠龙223号	明清	2	100	木结构	自居	租给外来人员门面房
		蟠龙216号	明清	2	120	木结构	自居	租给外来人员门面房
		蟠龙村卫生室	明清	2	180	木结构	自居	空房
		蟠龙村215号	明清	2	100	木结构	自居	租给外来人员门面房
		蟠龙村144~147号	明清	2	200	木结构	自居	租给外来人员门面房
		蟠龙村259号、260号	明清	1	—	砖木结构	自居	租给外来人员门面房破损严重
		蟠龙村原大礼堂	明清	1	300	砖木结构	集体使用	租给外来人员门面房
		蟠龙天主教堂	明清	2	400	木结构	—	无人
建设控制范围	登记不可移动文物	蟠龙程家祠堂	—	—	—	木结构	—	空房

5. 朱家角镇沈巷村。沈巷村坐落于朱家角镇域中部，毗邻张巷、安庄、先锋村，占地约400公顷，居住着900户左右人家。沈巷村曾为集镇，明初形成，清康熙年间兴旺，清末民初由于兵乱而衰落。

沈巷村的中心河贯穿东西，北岸仍保留有传统老街的一段。村内建于清末的10幢古民宅保存较为完好，目前都还有人居住。老街格局保存得最完整的是沈巷路38弄。弄宽2米，弄内有一座拱门，由青砖垒砌而成，比例优美，青砖上雕刻着传统的中国结图案。38弄6号、7号、9号、10号都是双坡青瓦顶的砖木结构楼房，底层砖砌墙壁，二层为木裙板墙。10号民宅有观音兜式山墙，是一幢建于清末民初的民宅，有比较完整的院落和大门。现在的主人为改善居住条件，没有改动民居的结构，只是对其外部和内部进行装修，较好地保存了古民宅的外貌，是一个较好的范例（图11）。

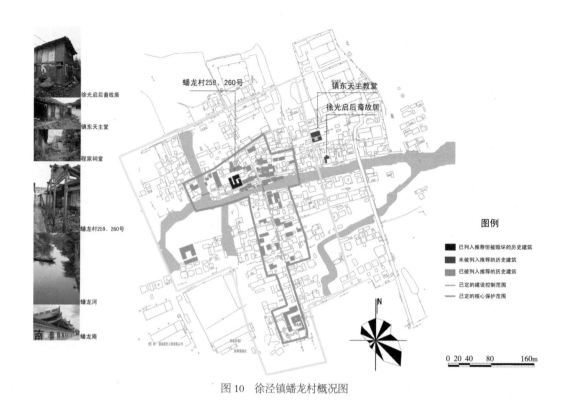

图 10　徐泾镇蟠龙村概况图

图 11　朱家角镇沈巷村概况图

6. 朱家角镇庆丰村。庆丰村位于朱家角镇的西边，北邻 318 国道，南邻安庄，西邻淀峰村。该村是一个自然聚落，占地 70 公顷，有人口 1357 人。

该村落风貌有两点比较突出。一是自然景观较好。村中有三条河流穿越，河水依然流动，民居与水岸相依，村内绿树繁茂。简朴的民居、繁茂的大树、潺潺的流水相互交融，形成风貌和谐的村落景观。二是新老民居风貌比较协调。庆丰村古村落中现存 7 幢古民宅，其中 6 幢"四六撑式"民居，是所调查到的此类古民居中保存最完好的，内有 4 幢仍作居住使用。1949 年后新建、改建的农民住房沿河为单层青瓦双坡顶民宅，后面一排是翻新的两层楼房，也多是青瓦双坡屋顶，层次分明，错落有致，风貌协调（图 12）。

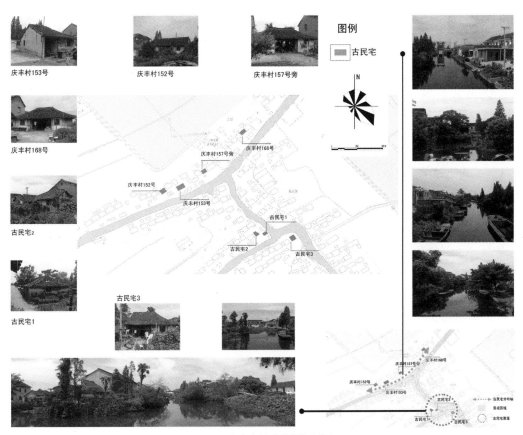

图 12 朱家角镇庆丰村概况图

7. 朱家角镇和平村。和平村位于朱家角镇西南，占地约 56 公顷，总人口 2310 人。

（1）村落风貌。村落依河而建，河流曲折蜿蜒，道路自然延伸，植被浓密错落，绿意盎然。村内的民宅青瓦坡顶，简洁朴素，映掩在绿树丛中，形成良好的村庄风貌。但是，和平村河流水体已经严重富营养化，不能再像过去那样养育沿河居住的村民了。

（2）古民宅。和平村现存古民宅 5 幢。在村的西端有一片相对独立的古民宅聚落，背靠茂盛的树丛，面对蜿蜒的河流。该聚落由三幢老宅组成，其中最西面的一幢建于清朝，有百年以上历史，现已无人居住。该民宅呈"L"形布局，砖木结构，白色墙壁，青瓦坡顶。另两幢约有70年左右历史，面阔三间，白墙青瓦悬山墙，保存较完整。与聚落相邻的民宅，虽然是经过翻新的楼房，但仍然带有传统的风格，与老宅在风貌上比较统一，与环境结合也较好（图13）。

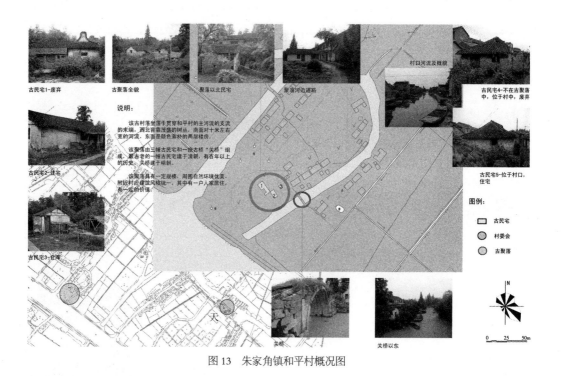

图13　朱家角镇和平村概况图

（3）古桥。村内有一座石拱桥，初建于明朝，名为关桥。桥拱由弧形石板垒砌而成，桥身石块都是古旧的，桥面石板则为后来新铺的。站在关桥上向周围望去，古村落的优美景色尽收眼底。

三、关于古民宅和其他历史文化遗存的调研

（一）概述

古民宅是古村落中主要的历史文化遗存，凡建于20世纪80年代末之前的，均纳入。对于古民宅的调研，除结合古村落一并调研外，又对散在于其他村落中具有一定历史文化价值的古民宅进行了调研。在调研中发现，在青浦区农村中，还留存着若干古桥、古树、古迹和其他有一定文化价值的古建筑，也一并纳入调研的对象。另外，又对散在于农村中的文物保护单位和登记不可移动文物进行了梳理。

通过调研、梳理，在青浦区农村地域内的文物保护单位和登记不可移动文物共 25 处，古民宅 168 幢（含古村落中的古民宅），其他古建筑（教堂、祠堂）6 处、古桥 13 座、古树 14 株，古迹（墓地、历史性标语）3 处。

（二）农村地域内的文物保护单位和登记不可移动文物

已列入文物保护单位或登记不可移动文物的历史文化遗存,虽不是本课题调研的对象,但是，其历史文化价值更高，应该依法予以保护。因之，结合本课题调研，对位于农村地域内的上述历史文化遗产进行了梳理，共有 25 处。其中分布在练塘镇域村庄内的有 5 处，分布在白鹤、朱家角镇域村庄内的各有 4 处，其余 12 处分布在其他 6 个镇（或街道）域的村庄内。

（三）古民宅

1.古民宅分布情况。通过调研筛选出的古民宅共有 168 幢。其中分布于 7 处古村落内的古民宅有 98 幢,其他 70 幢散在于 24 个村庄内。如以镇域统计，古民宅比较多的镇域有：练塘（43 幢）、重固（35 幢）、朱家角（30 幢）、白鹤（29 幢）等 4 个镇域。

2.古民宅建造年代分析。这些古民宅的半数有百年左右的历史，其所建造年代分为 3 个时期：

（1）建于清朝时期的占 52%；

（2）建于民国时期的占 16%；

（3）建于 1949 年后至 20 世纪 80 年代末之前的占 32%。

3. 古民宅类型分析。古民宅的建筑样式大体上分为四六撑式、观音兜山墙式和其他样式三种。其数量和比例是：

（1）四六撑式古民宅有 26 幢，占古民宅总数的 14%；

（2）观音兜山墙式古民宅有 25 幢，占古民宅总数的 13.5%；

（3）其他样式的古民宅有 135 幢，占古民宅总数的 72.5%。

这三种样式的古民宅，比较有特点的是四六撑式和观音兜山墙式两种古民宅。

其一，四六撑式古民宅。四六撑式是一种传统称谓，称谓来源尚无从查考。这种古民宅的外形为：单层独幢，粉墙黛瓦，四面坡屋顶，外观简朴淡雅，有些正脊吻部有砖雕装饰。其平面呈凹字状，入口居中凹进，形成了一处避雨的入口室外空间；室内布局一明两暗，中间为客堂间，两侧分别为卧室和厨房、储藏间。其结构为穿斗式木梁柱结构，进深多为9 根柱（八步穿斗）和 7 根柱（六步穿斗）。这类民宅以朱家角镇域居多（11 幢），金泽和练塘镇域次之（各有 6 幢）。其外观和内部结构如图 14 所示。

图 14　四六撑式古民宅

图 15　观音兜山墙式古民宅

其二，观音兜山墙式古民宅。这类古民宅也是单层独幢建筑，其平面、结构、材料与四六撑式古民宅相同。所不同的是屋顶为双面坡顶，山墙是观音兜式的硬山风火墙（图 15）。这类民宅几乎都集中在以练塘镇域的村庄内（23 幢）。

其三，其他样式古民宅。其他样式古民宅大体上有三类：一是单层双坡顶、白墙青瓦、穿斗式木梁柱

图 16 其他样式古民宅

结构的悬山或硬山民宅，多分布于自然村落内；二是两层的联排式民宅，底层原为商店，两层居住，多分布于曾为集镇的村落老街上；三是在重固镇章堰村尚存有规模较大、结构尚好的袁家厅、顾家厅等古民宅。其他样式古民宅如图 16 所示。

（四）其他历史文化遗存

通过调研发现的其他历史文化遗存有：古桥 13 座，古树名木 14 株，教堂、祠堂 6 幢，古迹 3 处。

1. 古桥。13 座古桥多为石拱桥和石板桥。据了解，朱家角镇和平村的关桥是一座建于明朝的石拱桥，距今约有 500 年左右的历史，除桥面石板外，基本上保持原貌。建于明代的古桥还有：华新镇沈家宅村的奄桥，徐泾镇蟠龙村的凤来桥，金泽镇尤浜村的庆丰桥，白鹤镇陈岳村的万安桥等。建于宋代的古桥有重固镇章堰村的金泾桥。建于清代的古桥有华新镇郑家宅的思过桥。根据村民反映，其他古桥建造年代也较久远，具体时间有待进一步考证（图 17）。

| 关桥 | 奄桥 | 九峰桥 |

图 17 古桥

2. 古树。14 株古树名木多为银杏树。其中有 10 株分布在白鹤镇域的村庄内。就树龄分析，百年以上的古树也集中在白鹤镇域内，具体有：王泾村的古银杏，南巷村东方泾的古银杏，青龙村青龙寺内的古银杏（215 年），沈联村施相公庙内的古银杏等（图 18）。

3. 教堂、祠堂、寺庙。共有 6 座，分别为徐泾镇蟠龙村天主教堂、蔡家湾村玫瑰堂，练塘镇朱家庄寺庙，朱家角镇新胜王新村天主教堂，华新镇华益村圣母堂（图 19），金泽镇建国村土地庙等。

4. 古迹。三处古迹分别是：朱家角镇童南姚家角清朝将军墓（图 20）；白鹤镇陈岳村"酒瓶山"，相传是南宋韩世忠犒赏三军留下的酒瓶垒成的；陈岳村还有 1945 年新四军浙东纵队留下的"巩固国内团结，保证国内和平！"和"我们要和平，反对内战！"的标语（图21），已登记不可移动文物。

图 18　古树

图 19　华新镇华益村圣母堂　　　　图 20　将军墓　　　　图 21　标语

四、关于特色村庄的调研

（一）概述

调研特色村庄的目的是，充分挖掘本市郊区现有特色资源，探索在社会主义新农村建设中，因地制宜地发挥当地特色和优势，建设富有特色的新农村，促进农业的发展，实现

中央提出的"村庄治理要突出乡村特色、地方特色"和"生产发展、生活富裕、乡风文明、村容整洁、管理民主的要求"。

乡村特色是以农村为背景，以农业为基础，以乡土文化为渊源的。地方特色表现为环境特色、产业特色、民俗特色、文化特色等不同特点。从严格意义上讲，古村落也是特色村庄，是古民宅、古遗存比较集中，历史街巷格局尚较完整，具有传统乡土文化特色的村庄，只是本课题调研将古村落作为一个独立的部分而已。

判断一个村庄是否具有特色，并不意味着这个村庄只是具有一种特色。一般情况下，一个村庄可能具有一种或几种特色。说某一个村庄是环境特色的村庄，只是说明这个村庄在环境特色方面相对突出而已。

本课题调研共筛选出 17 个分别具有环境特色（8 个）、产业特色（8 个）、民俗特色（1 个）的村庄。特色村庄比较集中的镇域有金泽（5 个）、夏阳街道（4 个）、练塘（3 个）。

（二）环境特色村庄

青浦是江南水网地区，农村中河网纵横，湖荡群集，水源丰富，植被繁茂。因此，村庄的环境特色都与水分不开，一如前述古村落的特点。但是，同是临水的村庄，有的具有环境特色，有的环境并无特色。其区别在于，建筑的安排、道路的铺设、空间的组织等人工要素与河湖、植被等自然环境要素是否和谐布局、相得益彰，是否注重村庄的日常管理，保持水清、岸绿、路洁、建筑完好，环境宜人。

调研发现，青浦区环境优美、景色可人的村庄有 8 个，分别是白鹤镇杨梅村，金泽镇

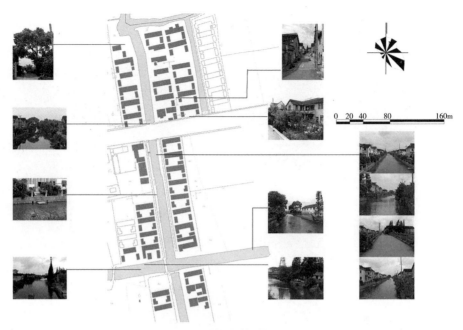

图 22　白鹤镇杨梅村概况图

南新村，练塘镇浦江村、徐南村，朱家角镇淀山湖一村，徐泾镇沈家浜，华新镇赵港村、凌家村。下面介绍白鹤镇杨梅村和练塘镇浦江村的简况。

1. 白鹤镇杨梅村环境简况。杨梅村规模不大，有村民 1180 人，农业以种植草莓为主。这个村落依河而建，河流水质较好，河边树木繁茂，石砌驳岸完整，道路沿河走向，民宅垂直于河岸有规律地布局，每家有独立的庭院。建筑粉墙黛瓦，河流清澈映兰，绿树郁郁葱葱，是一个环境优美、生活安适的"草莓之乡"（图 22）。

2. 练塘镇浦江村环境简况。这个村落被南北两条河流挟持，村中又有两条河段穿越，村河相依、相融。其特点，一是河岸富有变化。河岸的变化不仅在于曲直自然，而且河岸的形式土岸、石驳岸随意相间，岸边有临河农户搭建的平台或近水台阶，沿河排列，富有韵律感。二是村内、河边植被繁茂，生态景观良好。三是古民宅保存较好，新老建筑风貌协调（图 23）。

（三）产业特色村庄

产业特色村庄是以农业生产业为主、综合发展、收益较好、生活富裕的村庄。这些村庄因地制宜，充分利用当地产业优势条件发展生产，形成特色。像这样的村庄有 8 个，分别是金泽镇东天村（养鱼业、养鳖业）、育田村（林业）、新港村（茭白种植和茭白叶编织业），练塘镇王家村（茭白叶编织业），夏阳街道塘郁村（花卉、水果种植业）、新阳村（蔬菜业）、太来村（观赏植物、特色水产养殖）、金家村（水果种植业）。下面介绍两个产业特色村庄。

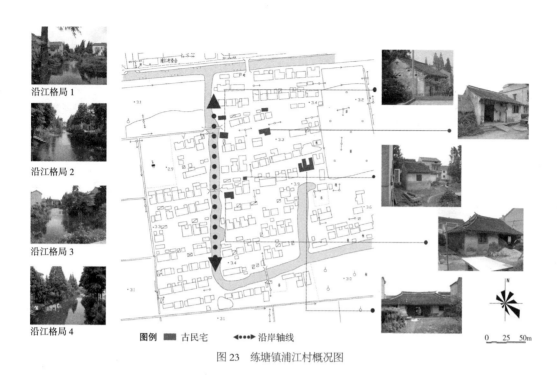

沿江格局 1

沿江格局 2

沿江格局 3

沿江格局 4

图例 ■ 古民宅　◆●●◆ 沿岸轴线

0　25　50m

图 23　练塘镇浦江村概况图

1. 以茭白种植和深化加工为特色的金泽镇新港村。这个村北靠淀山湖、东沿栏路港、南与练塘交界。现有人口 490 户、1600 人，耕地面积 2070 亩。新港村充分利用河湖水资源优越条件种植茭白、水稻，并利用茭白叶深化加工发展编织业，变废为宝。茭白叶编织产品 99% 销往日本，并与日本建立了"以销定产"的供销关系。每年有 200 个集装箱的茭白叶编织产品出口到日本，发展前景良好。

新港村茭白种植业的发展，产生了连锁反应，取得了很好的综合效益。一是扩大了村民的就业。仅茭白叶编织就有 2000 余农户参与，除新港村民还吸收了附近西岑、练塘、莲盛等镇域的村民就业。二是促进了村镇工业发展。目前这个村除茭白叶编织厂外，还有服装厂、水泵厂、网具厂等。三是提高了经济收入。2003 年农副工"三业"收入 9500 万元，人均收入 4800~6800 元 / 年。参与茭白叶编织的家庭，家庭最高年收入达到 10000~35000 元。四是富裕了村民的生活。目前村有卫生站，全村享受村级医疗保险、养老助残等福利待遇。文化生活日益丰富，村里有图书室、老年活动室，还投资 100 万元重建文化活动中心（图 24）。

2. 形成"花果争艳"产业特色的夏阳街道塘郁村。塘郁村有 11 个自然村，占地面积243.4 公顷，现有人口 1399 人。1999 年，这个村从苏州东山引进了 1 万棵优质白玉枇杷苗，建立了 70 亩白玉枇杷种植基地。经过几年努力，枇杷种植面积发展到 400 亩，成为本市最大的枇杷种植基地。有 5 个自然村以种植枇杷为主，亩产 200 公斤，每亩收入近万元。在几年时间里，不仅枇杷种植面积不断扩大，还不断改进栽培技术，提高果品质量。2004 年，

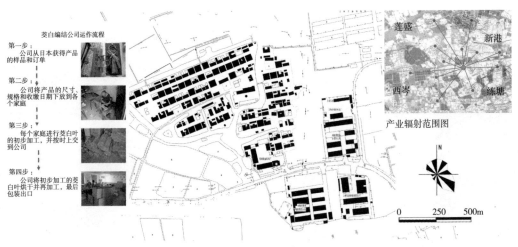

菱白编结公司运作流程

第一步：
公司从日本获得产品的样品和订单

第二步：
公司将产品的尺寸、规格和收缴日期下放到各个家庭

第三步：
每个家庭进行菱白叶的初步加工，并按时上交到公司

第四步：
公司将初步加工的菱白叶烘干并再加工，最后包装出口

产业辐射范围图

莲盛　新港

西岑　练塘

0　250　500m

图 24　金泽镇新港村概况图

基地内 11270 棵枇杷产果 26 吨，其多项质量指标好于引进原产地，被市评为"上海市安全卫生优质产品"，现已注册了"香录"牌白玉枇杷商标，创建了名牌，提高了市场形象。

　　这个村的第二项特色产业是发展花卉种植业。种植花卉始于 20 世纪 90 年代中期，经过 10 年左右的发展，花卉种植面积已有 106 亩，每年向本市及附近城市销售花草 1500 万盆以上。现已建立了百花园艺场，有管棚 30 座，总面积 9000 平方米。通过引进优质品种，采用先进栽培技术，提高了花卉质量。花卉年产 4 批次，每亩销售收入 1.64 万元，净收入 5300 元。这个村的花卉生产起到了示范作用，花卉种植面积逐年扩大（图 25）。

0　100　200　　500m

图 25　夏阳街道塘郁村概况图

（四）民俗特色村庄

民俗特色村是金泽镇城的蔡浜村。这个村庄位于商塌镇区的东侧，毗邻风景秀丽的淀山湖，占地78.4公顷，现有人口508人。这个村男女老少历来有喝"阿婆茶"的风俗：老年人聚在一起喝茶聊天，年轻人工作间隙喝茶休息。由于喝茶之风盛行，茶叶不仅是家庭必备的饮品，也是亲朋之间交往的礼品（图26）。

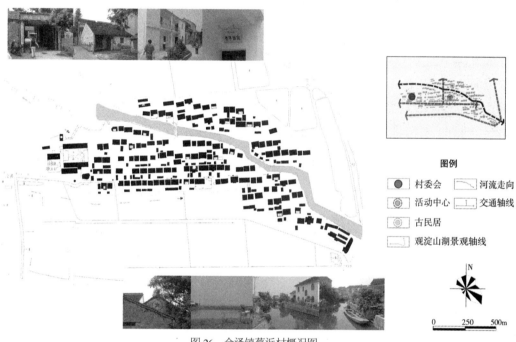

图例

● 村委会　　〰 河流走向
◎ 活动中心　□ 交通轴线
◉ 古民居
▭ 观淀山湖景观轴线

N

0　250　500m

图26　金泽镇蔡浜村概况图

五、关于农民新村的调研

（一）概述

改革开放以来，特别是20世纪90年代以来，本市郊区建设了不少农民新村，对于改善农民居住条件，集约使用农村土地，是有积极意义的。当前，为了促进农民向中心村集中居住，拆并分散的自然村落，以及某些乡镇追求城镇化的面貌，加快了建设的趋势。建设社会主义新农村，不等于建设农民新村，但是要总结农民新

村建设的经验，在原有基础上进一步提高。有必要了解近几年来本市郊区农民新村建设的状况，听取农民的意见和要求，关注农民新村建设中需要解决的问题，这是我们进行这项调研的初衷。

这次调研选择其中的任屯村、陈东村、五里村和前明杜家新村作了较深入的调研。通过发放调研问卷和访谈，进一步了解农民对农民新村的意见和要求。

（二）农民新村建设现状

1. 农民新村建设的势头正旺。在调研中发现，青浦区农民新村建得比较多。这次普查的农民新村有：金泽镇域的任屯村、陈东村，白鹤镇域的五里村，徐泾镇域的前名杜家新村、金云新村、振泾小区、金联新村、光联新村、徐家浜圈新村，华新镇域的陆象中心村、凌家中心村、陆家中心村、方家宅中心村，赵巷镇域的金葫芦新村、中泽中心村、崧泽中心村、方东中心村等。尤其是徐泾、华新、赵巷等近郊镇，为促进人口向中心村集中，加强中心村内农民新村的建设，很多自然村落被拆迁，农民迁往中心村居住。农民新村的规模有大有小，小的占地3~5公顷，一般占地10公顷左右，最大的赵巷镇垂姚村的金葫芦新村，于2002年开始分三期建设，共占地117公顷，计划住2300户。有的农民新村的建设正在规划和筹备之中。例如，朱家角镇淀山湖一村（图27、图28）。如何加强农民新村的规划并引导其建设，已经成为管理中的一个重要问题。

2. 农民新村规划比较粗放。除少数农民新村的规划由城市规划设计院编制外（如白鹤镇五里村规划1993年由同济大学规划设计）。多数由镇政府委托非专业设计院编制，规划

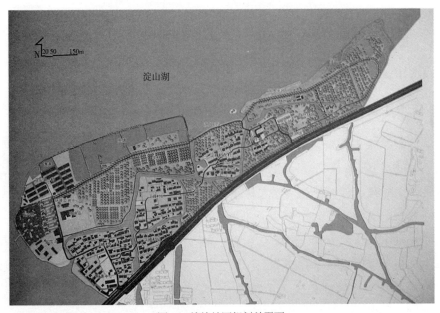

图27　淀峰地区规划总平面

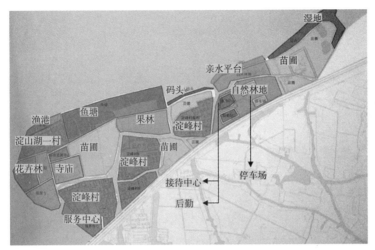

图 28　淀峰地区规划功能结构图

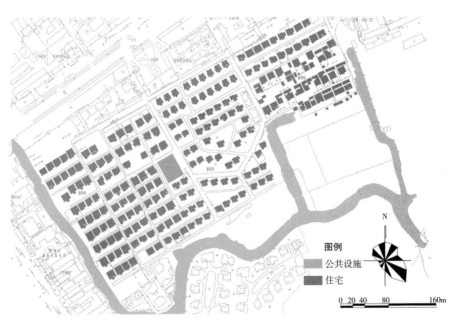

图 29　徐泾镇杜家村概况图

设计比较粗放。例如，对当地自然环境的特点缺乏深入研究；新村多是棋盘式、兵营式布局，缺乏精心设计（图 29）；公共服务设施不够完善，尤其缺乏污水处理设施，污水直接排入河道。提高农民新村规划水平，加强规范和引导十分必要。

3. 农民新村建设与"突出乡村特色、地方特点"的要求距离较大。具体表现在：一是新村的选址和格局，没有突出当地水网地区的特点，人居聚落依水而聚、循水布局的特色消失；二是建筑样式有些照搬城市住宅模式，有些存在着追求所谓"欧陆风"的趋势，农民新村建成了洋楼群，完全失去了乡村特色和地方特点，如图 30 所示。

图 30　农民新村建设与"突出乡村特色、地方特点"的要求距离较大

（三）农民对农民新村建设的意见和要求

这次调研共印发了 133 份调研问卷，全部收回。另外还走访了当地农民，听取他们对农民新村建设的意见和要求，主要反映了以下几点。

1. 农民欢迎住农民新村。据发放的 133 张问卷统计，有 72% 的农民希望搬到农民新村住，反映出多数农民喜欢住农民新村的意向。村民对农民新村评价：有 61 人认为居住环境比原住村落好；有 29 人认为公共服务设施比原村落齐全；有 25 人认为交通比较方便；有 22 人认为有利于子女读书上好学校。

2. 农民新村建设应该关注的主要问题。据发放的 133 张问卷统计，农民认为农民新村建设应该关注的重点问题：有 42 人认为应增加绿地、广场；有 42 人认为应增加少年、儿童活动设施；有 24 人认为应当增加健身活动设施；有 19 人认为应当增加就业信息中心；有 17 人认为应当增加图书馆；有 13 人认为应当增加老年活动中心等。由此可见，农民新村建设要十分注重公共服务设施的综合配套建设。

3. 农民新村建设应当适合农民的生活方式。对住在农民新村的农民访谈中听到他们反映：过去住在自然村内，左邻右舍、乡里乡亲经常在户外场地上边干活，边交谈，感情融洽，生活愉快；搬到农民新村后，没有可以活动的地方，邻里交流少了。农民新村中还住着被征地的农民。他们无地可种，生活单调，有的就在新村空地上开荒种菜，吃菜新鲜。从这些情况来看，农民新村建设一定要满足农民的生活需求和习俗，适合农民的生活方式，决不能用城市人的眼光去规划、设计农民新村。农民新村建设，要尊重农民，了解农民，听取他们的意见和要求，按照他们的意愿和行为"度身定制"。因此规划设计前的调查研究、走访、座谈十分重要。

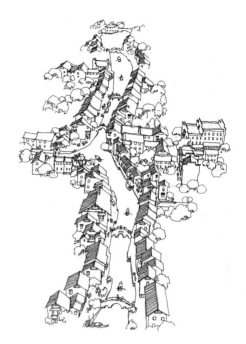

六、结论

本课题调研筛选了青浦区古村落、古民宅和其他历史文化遗产以及特色村庄的名单。根据本课题调研的目的，我们对调研成果以及调研中发现的若干问题进行了分析，并学习了有关文献，有以下认识和建议：

（一）对古村落、古民宅保护的认识和建议

20 世纪中叶以来，对人类历史文化遗产的保护，越来越得到各国政府的重视和支持。历史文化遗产保护的范围，从单一的文物扩展到文化遗产（如历史文化名城、历史文化地区、历史建筑）；从物质文化遗产扩展到非物质文化遗产；从人类文化遗产扩展到自然文化遗产。就古村镇的保护而言，从 1972 年至 1999 年，联合国教科文组织和国际古遗址理事会先后推出了 36 部重要文献。

据查有关文献资料，世界上许多国家都采取不同方式，注意保存和保护传统的民居文化。例如，罗马尼亚在首都布加勒斯特建立了"乡村博物馆"，内有 40 种各地传统民居。西班牙在巴塞罗那建立了"民居博览馆"，按 1：1 比例复建了西班牙各地不同时期的民居，有的是独立成幢的民宅，有的是独具特色的局部实样，集中反映了西班牙各地、各时期的不同特色的民居。土耳其在黑海西部萨夫郎博卢镇，就地建立了国家级文物保护区，集中了完整的奥斯曼帝国时期的传统民居，最古老的有 300 年历史。韩国首尔以南的水源，按 200 年前传统民居样式建立了民俗村。日本全国 3300 个町镇，其中 530 个定为历史地区，23 个定为历史文物保护区。

我国是一个地域辽阔、历史悠久的多民族国家。在数千年的农耕时代，村庄是最基本的社会单元。由于历史悠久、民族众多、自然条件不同、文化板块不一，形成了群星璀璨、风情各异的地方乡土民居文化，广大农村至今尚保持着极其丰富的历史记忆和根脉，以及各具特色的文化遗产。它是中华民族重要的精神文化财富之一，也是中华民族历史文化和精神情感之根。2002 年我国修订出台的《中华人民共和国文物保护法》，将历史文化村落的保护纳入法制的轨道。2006 年，中共中央国务院《关于推进社会主义新农村建设的若干意见》提出了"村庄治理要突出乡村特色，地方特色和民族特色，保护有历史文化价值

的古村落和古民宅。"并明确了相关的要求和措施。2003 年和 2005 年，国家建设部和国家文物局组织了两次"中国历史文化名镇（村）"的评选，共评选出 80 个国家级历史文化名镇（村），其中有 36 个古村落。例如，安徽省黟县的宏村、江西省的婺源、山西省平遥县的乔家大院、王家大院等，都是承载着历史文化，蕴涵着前人的劳动和智慧，给今天新农村建设以启迪的、闻名遐迩的古村落、古民宅，理所当然地应当予以妥善保护。

历史文化价值是推荐需要保护、保留的古村落、古民宅和其他历史文化遗产的判断标准。历史文化价值包括历史、人文、科学、艺术价值。本课题调研共筛选出古村落 7 处、古民宅 168 幢、古桥 13 座、古树 14 株以及其他历史文化遗存等。这些古村落、古民宅和古桥，建造年代比较久远，记载着农耕时期农村民居聚落的形成与演进，比较典型地反映出青浦水乡地区村落的选址和格局，传递了当时农村民居的典型平面布局、空间组合、结构体系、建筑样式和材料、施工等方面的特点。除了物质形态方面的价值外，这些古村落和古民宅无不体现了因地制宜、因水就势、相地构屋、就地取材和因材施工的传统的规划、营建思想和人与自然和谐发展的价值观，以及简朴、淡雅的审美情趣，是一笔可贵的精神财富。由于这次调研受到时间和条件的限制，虽然通过现场查勘、就地走访、查阅文献等方式筛选出上述古村落、古民宅、古桥等历史文化遗产，但是，尚未作深层次的调查和研究，难免有粗放、疏漏之处。为此建议再作必要的深化延伸工作。主要有两个方面。

1. 建议主管部门对本课题调研成果，结合相关工作进行深入分析研究，区别情况，采取相应措施。初步分析，存在着四种情况。

（1）重点加以保护的，建议分别列为文物保护单位、历史文化风貌区、优秀历史建筑。拟列入保护对象的古村落、古民宅或其他历史文化遗存，对其历史文化价值需要深入细致地调查研究，依法确定为保护对象。对其保护应当贯彻"保护为主、抢救第一、合理利用、加强管理"的方针，坚持保护其真实性和完整性，坚持依法和科学保护，正确处理经济社会发展与文化遗产保护的关系。例如，为了有利于古村落的保护，不宜将其划定中心村，以免大拆大建，破坏其真实性和完整性。又例如，对于需要保护的历史文化风貌区和古民宅，则应依法划定紫线，严格控制建设，避免"建设性破坏"等。

（2）需要加以保留的，新农村建设应当予以包容。保留"历史碎片"也是一种传统文脉的延续。需要保留的对象，主要是尚未列入文物保护单位、历史文化风貌区和优秀历史建筑的具有一定历史文化价值的古民宅和历史地段，其中以古民宅居多。在本课题调研中，曾对住在古民宅中的十多户农民进行过走访，征求过他（她）们对所住的老房子是拆除改建还是保留使用的意见。他（她）们几乎是异口同声地回答：应该保留使用，反映出他（她）们对祖传老屋的眷恋。需要保留的古民宅和历史地段、其保留的方式及其对周围环境的控制，不像保护对象那样严格，但也需要在村落规划和管理中统筹研究。例如对其周围环境如何控制、对其改建、扩建和修缮如何把握等。

（3）历史文化价值不足以保护、保留的，或者损坏严重确定难以保留的，建议剔除。本课题对于古民宅的调研，为恐其遗漏，凡建于20世纪80年代末之前的，均将其囊括在名单中。即使这样，也仅有168幢，对于有着184个行政村的青浦来讲，已经是寥若晨星了。因此，剔除的数量也不宜多。主要有两种情况：第一种情况是不足以作为古村落保留的。青浦区的村庄由于历年来发展、改建，所遗存的古民宅数量很少，传统的街巷格局变动较大，本课题筛选出的7处古村落，其实是些历史地段。如果经深入研究，有的尚难以称其为历史地段的，可以将其从古村落中剔除，但其遗存的古民宅，应视其历史文化价值给以保护或保留。第二种情况是，古民

图31　蟠龙村259、260号

宅中有若干尚缺乏典型性，不足以反映地区民居的特点，保留价值不大，或者毁坏严重确实难以修复保留的（例如，蟠龙村259、260号，图31），也可以剔除。

（4）本课题调研疏漏的，建议补充调研。本课题调研由于受时间、交通等方面的限制，存在着空白点：一是从调研范围讲，有30个村庄已划入青浦新城、青浦工业园区和其他城镇建设的规划范围，本课题未作深入调研，建议今后结合规划、建设和管理工作，尽可能地保留有历史文化价值的遗存物。二是从调研的对象讲，本课题重点调研的是古村落、古民宅等。虽然在调研中发现有若干其他历史文化遗存，例如古桥、古迹、其他历史建筑和古树名木，并一一反映在调研成果中；但是，传统的农村作坊、古井和反映不同历史阶段的典型建筑等尚未涉及，建议结合今后管理工作，随时发现，随时补充。对于传统民俗、工艺等非物质文化遗产的调研，由于不是本课题调研的重点，未作深入调研，也建议主管部门能予安排。

2.建议落实古村落、古民宅保护的对策。在新农村建设中保护具有历史文化价值的古村落、古民宅，其保护与城市中文化遗产的保护有不同的特点，涉及的问题很多，绝非一个"保护"可以了得，需要研究并切实落实相关的对策。本课题调研引发了我们的思考，有以下建议。

（1）大力提高广大农民文化遗产保护的意识。提高农民对文化遗产的保护意识，关键在于树立保护文化遗产的价值观。农耕社会形成的古村落、古民宅，对于长期生活在这里的老农有眷恋之情，但对其文化价值、保护的意义并不清楚。随着经济社会的发展，农村建设遵循的一种"拆旧建新"的模式，儿女结婚建新房、住房失修改建，莫不如此。因此，大力宣传文化遗产保护在传承中华文化，促进社会主义先进文化建设中的意义，提高农民的思想道德素质和科学文化素质，是保护古村落、古民宅的思想基础，否则保护工作得不到农民的支持。这种宣传教育工作需要针对农民特点，采取喜闻乐见的形式，讲究实效，

坚持不懈，使之形成社会共识。

（2）保护古村落、古民宅要维护农民的利益。我国农村土地和产业属集体所有，农民住房属私人所有，农民的生存、生活依靠以农业为基础的产业。保护、保留古村落、古民宅是依靠农民自管、自建来实现的。只有生产发展了，生活富裕了，才能激发农民对文化遗产保护的热情。因此，保护工作"功夫在诗外"。首先，要发展使农民致富的产业。当今，往往把文化遗产保护与发展旅游业联系起来。从实际效果看，有些是可行的，有些则产生负面效果：由于过度商业化，破坏了文化遗产保护地区的风貌，例如周庄。因此，古村落、古民宅的保护，以旅游业为支撑并非是最好的选择，更非唯一的选择。本课题调研推荐的产业特色村，发展特色的传统农业是一条可供选择的途径。其次，要研究在农村土地属集体所有、农民住房属私人所有的条件下，古村落、古民宅保留、保护的政策。政策应体现引导行为、平衡利益和合理分配资源的作用。历史建筑保护的实践证明，历史建筑只有合理的使用才能得到有效的保护。本课题推荐的古村落、古民宅大都是在农耕社会形成与完善的。建筑多是木结构，年久失修，如果要保留、保护，如何使用？原住农民的住房如何解决？涉及的个人利益如何得以保障？等等，都需要在政策上给予回应。政策的制定也应当广泛听取农民的意见。

（3）古村落、古民宅的保护应作为本市"1966"城乡规划体系和青浦"1870"城乡规划体系的重要内容，要研究农村人口向中心村集中的过程中，古村落、古民宅保留、保护的政策。村落的集中不同于国家建设拆迁农民，更不同于三峡移民。村落的民居是农民世代生息的场所，与其农业生产方式紧密相关。在农耕社会，农民不能脱离其"生与斯、养与斯"的土地，即使在今天，经济社会迅速发展，农业生产方式相应演进，历史上形成的村落布局的调整，也要满足农业生产和农民生活的要求。村落的集中是一种渐进的社会发展的过程，政府应当通过政策引导促进这个过程，不能强制集中。在村落集中的过程中，某些村落的拆并，必然涉及古村落、古民宅的保留、保护问题，"皮之不存，毛将焉附"。本市已就郊区现有村落的改造，划分为整体改造、环境改造、整治改造、保护改造四种情况，尚需对实施性政策进一步深化。因此，总结本市郊区宅基地置换和中心村建设的经验，制定并完善农村人口向中心村集中的实施性政策非常必要。政策要考虑古村落、古民宅的保留、保护问题，尽可能地避免或减少古村落、古民宅等历史文化遗存的拆除。

（4）古村落、古民宅的保护，应当纳入城乡规划管理。长期以来，本市对郊区村镇建设的规划管理是一个薄弱环节。农民建房是随同用地由土地管理部门审批的，其实是审批用地，并非审批建房。造成这种情况有体制方面的原因，也有规划管理偏重城市方面的问题。据悉，国家《城市规划法》修改为《城乡规划法》，其草案已获国务院原则同意，将上报全国人大审议。城镇化是我国的发展战略之一，所谓"小城镇、大战略"，小城镇在城镇化过程中举足轻重。本市已明确了"1966"城乡规划发展体系，规划管理向村镇延伸势在必然，古村落、古民宅的保护纳入城乡规划管理是题中之义。因此，建议：一是本市郊区的规划管理要向村镇倾斜，需要落实相关措施；二是重视村落规划，特别是历史文化名村的规划的编制与审批；三是按照目前本市对于历史文化遗产管理的体制，会同文管、房地部门，加强对古村落、古民宅的保护的协同管理。

（二）对新农村建设特色的认识与建议

所谓特色，是指特有的、异常的、独具一格的。新农村特色是在农村建设和发展中逐渐形成的，是一个地方发展的根脉，反映出不同时代的特征，体现了当地人的生活习俗、价值取向和审美情趣，又受到自然条件和科学技术的制约。新农村建设之所以要突出特色，我们理解，农村特色是地方乡土文化的反映，是一方水土独特的精神创造和审美创造，是人们乡土情感、亲和力和自豪感的凭籍，是人们的物质生活和精神情感的需求。维护特色和突出特色既是对传统乡土文化的传承，也是对人的尊重，而不是刻意地争奇斗艳。因此，新农村特色建设要以人为本，把握住时间、地点、条件，因地制宜，因时制宜。本课题通过对青浦区古村落、特色村庄和农民新村的调研，我们认为青浦区新农村建设的特色，重点在于突出景观特色、文化特色和产业特色，关键在于挖掘和发挥当地自然资源、文化资源和产业资源的优势。有以下一些建议。

1. 维护水乡河网资源，建设水绿交融的景村。青浦区新农村建设突出景观特色，就是要突出村落的水景观特色。青浦是河网地区，河水、湖水与农民的生产、生活息息相关。本课题推荐的古村落、特色村庄无不依水而建、因水而兴。河流是村落布局的主导因素，也是村落景观的主要轴线，构成了青浦农村的景观特色，失去了河、湖、水，也就失去青浦农村的景观特色。目前在这方面存在的主要问题是，河流有不同程度的污染（图32、图33）；村落环境缺乏整治。我们认为，新农村建设不是建设更多的农民新村，首先要加强村容、村貌的治理。就青浦来讲，需要治理被污染的河道，整治村落环境，重视生态绿化建设，加强村落日常管理。在新农村建设中，维护好、利用好得天独厚的水网自然环境资源，坚持村落发展与自然和谐共存的传统理念，诸如因地制宜、因水就势形成的村落格局、街巷肌理、空间组合，细部处理等，才能凸现青浦农村特有的景观特色。在本市新郊区风貌特色研究的基础上，制定相应的规划建设管理导则，用以指导今后新农村建设的规

图32　和平村河流水质富营养化　　　　图33　三塘村河流水质富营养化

划与实践，使青浦新农村的景观特色，在原有的基础上，进一步提升品质，建设成为环境优美、景色宜人的水乡新农村。

2.传承历史文化根脉，建设风貌和谐的新村。社会主义新农村建设要突出乡村特色、地方特色和民族特色，保护具有历史文化价值的古村落、古民宅。青浦新农村建设突出文化特色，就是要突出村落的地方乡土文化特色。

一是要尽可能地保留、保护具有历史文化价值的古村落、古民宅、古桥、古树等历史遗存。本课题调研筛选出7个古村落和168幢古民宅，有98幢在7个古村落内，其余则分散在35个行政村内。由此可见，青浦区农村中所遗存的历史建筑已经很少了，随着农村人口向中心村集中的趋势，势必还有部分古村落、古民宅将被拆迁。如何尽可能地保护或保留这些承载着历史文化信息的古村落、古民宅和其他历史遗存（如古桥、古树、古街、古井等），是新农村建设中的一个不可忽视的问题，万万不可走城市改造大拆大建的老路，以免这些为数稀少的历史文化遗存遭受灭顶之灾。

二是在新农村建设中，新民居建设如何传承历史文化根脉，新老民居如何相互包容，使之形成地方乡土文化特色。本课题调研所看到的村落基本现状，距离上述要求尚有较大的距离。例如某些农民新村的建设有追求所谓"欧陆风"的倾向，把农民新村建成洋楼群；大量的农民住房的改建只顾及了实用，传统民居与现代民居在空间环境和建筑风貌上冲突较大等。同时，在调查中也发现金泽镇南新村和朱家角镇的和平村，改建后的新民居与保留的古民宅比较和谐，从中我们可以得到某些启发（图34）。梁思成先生说："建筑之始，产生于实际需要，受制于自然物理，非着意于创新形式。其结构之系统及形制之派别，乃其材料、环境所形成。"今后新农村民居的建设是大量的，需要在满足当今社会的农民居住生活需要的前提下，运用当地可提供的材料，总结农民住房改建、新建的成功经验，对于新民居样式的把握，并非争奇斗艳，关键要解决好民居建设发展与传承的关系。从青浦遗存的古村落、古民宅看，是自然环境造就了因水就势的古村落布局，以及古民宅的建筑空间、材料和结构方式。从文化环境的角度看待农村民居，则应把宅作为一个有形、有神、有生命的对象来研究。农村民居的"神"是指产生"形"的相关精神文化因素；农村民居的"生命"则体现在它的发展、变化。把握突出地方特色的村落和民居的"形"，要从产生这种"形"的根源上去研究。在一个村落中，不论是古民宅还是新民居，住着的都是同种、同文、同族、同乡的人，一脉相承的文化成就了他们。民居的建设固然与自然条件、营建材料、结构方式密切相关，但其聚落特征、平面布局、空间组合、造型特点、建筑色彩却受到人们思想观念、价值取向、审美情趣、生活

图34　金泽镇南新村改建后的农民新村

习俗等文化环境因素的影响。随着科技发展、社会进步，某些精神文化因素也会产生变化。但是，这种变化是有渊源的，这种变化是渐变的，优秀的传统文化是长盛不衰的，即所谓"万变不离其宗"。新农村建设特色之"宗"是什么？则需要从文化的层面深入研究乡土民居文化，提高民族的、地方的文化自觉，正确把握新农村建设的文化定位。在调研中看的农民新村之所以建成洋楼群，是文化的错位；新民居与古民宅之所以产生风貌的冲突，是因为对农民住房的改建缺乏文化的引导和管理的指导。朱家角镇庆丰村、和平村新老民居在建筑样式、色彩、体量上比较和谐、协调，是因为新建、改建的民居并不刻意地追求建筑形式的新奇，而是在实用的基础上，遵循当地民居的传统做法，采取了农民喜闻乐见的样式。由此可见，从文化层面总结研究新民居建设，正确处理传承历史文脉与体现时代特征的关系，建设风貌和谐的新农村，使之形成当地乡土文化特色。

3. 发挥当地产业资源优势，建设经济富裕的强村。本课题调研推荐的发挥当地资源优势，促进农业生产发展，提高农民生活水平的产业特色村，给了我们很大鼓舞。这些产业特色村的形成与发展，都是充分利用当地资源优势，变资源优势为产业优势，促进了农业生产的发展，符合中央提出的按照"生产发展、生活富裕"的要求推进新农村建设的方向，应该坚持和发展下去。随着新农村建设的推进，希望涌现出更好、更多的经济富裕的强村。

社会主义新农村建设内涵丰富，任务复杂，是一项涉及经济、政治、社会、文化等各方面的系统工程，需要政府、集体、个人各方面的共同努力才能健康、有序地推进。突出新农村建设的特色只是其中的一方面，它是在整体推进中实现的，需要统筹规划、分类指导、突出重点、有序实施。

（三）对本市新郊区特色风貌研究的认识和建议

本课题是上海市规划局组织的《上海市新郊区特色风貌研究》的分课题。本课题所提供的调研成果，除了为本市郊区农村历史文化风貌区、优秀历史建筑的保护，以及为新农村的建设提供基础性的素材外，也为《上海市新郊区特色风貌的研究》提供必要的资料和建议。

我们认为，《上海市新郊区特色风貌研究》的目的是，引导本市社会主义新农村建设突出乡村特色、地方特色和时代特征。其研究成果应该揭示本市新郊区特色风貌的内涵、特点和外在表现，为此，需要对新郊区特色风貌进行全面、深入的调查分析，并给予提炼、概括和表述。通过本课题调研，我们有两点认识与建议。

1. 本市新郊区特色风貌是个多元复合的命题,建议进行系统研究。所谓风貌,据《辞海》解释:风貌是风采、容貌,亦指客观事物的外貌、格调。可见,风貌既是客观事物的外貌,也是其风采、格调,如同人的气质、绘画中的神韵,可见风貌是形神兼备的。上海新郊区特色风貌是一个时空的概念：新郊区的"新"体现了时代的特征；"郊区"是一个地域的范围。新郊区特色风貌既包含着自然和社会环境本身，也包含着人们对自然和社会环境的认识和实践，它既包含着人们对生产、生活、交往、发展对建筑、社区空间的需求，也包含着地域特征以及由这些特征所形成的文化根脉、价值取向、审美情趣和心理追求等种种精神因素。所以上海新郊区特色风貌研究是一个多元复合的命题。

通过对青浦区古村落、古民居的调研，我们体会到，新郊区风貌应当从其各种构成要素上去把握。在实际生活中，人们是从对民居—街巷—村落—环境等不同层次风貌构成要素的体验中去感知风貌的。上海新郊区特色风貌存在着地区差异，并打上时代的烙印。上海新郊区特色风貌有共性，也有不同地区的个性，所谓"三里不通俗、十里改规矩"。就青浦农村而言，水网地区自然环境的特征，造就了村落依河而聚、顺河而建的特点，村落格局和建筑样式与崇明、奉贤等其他郊区迥然不同。共性寓于个性之中，需要通过对本市郊区中的不同地区的农村特色风貌的分析研究，方能提炼出本郊区特色风貌的共同特点。另外，农耕社会遗留下来的古民宅与当今农民生活需要改建的新民居存在着很大的差别。上海新郊区特色风貌研究，又涉及新郊区建设如何处理传承历史文脉和体现时代特征的关系，需要研究传承什么，需要总结农村新民居建设的经验，提炼其应予坚持的主导方面，才能得到答案。由此可见，对上海新郊区特色风貌的研究是一项系统研究。

2.提高本市新郊区特色风貌研究成果的可操作性。研究本市新郊区特色风貌的目的是，在推进社会主义新农村建设过程中，引导农村建设突出乡村特色、地方特色和时代特征。因此，研究成果应当具有指导意义和可操作性。为此建议：一是研究成果应当在广泛深入地实证研究的基础上，既要提炼、归纳本市新郊区特色风貌的共性，也要表述不同地域特色风貌的个性；二是研究成果应当包括制定本市郊区实现特色风貌的管理导则，用以指导农村建设。

说明

本课题是上海市规划局安排的《上海新效区特色风貌研究》总课题的分课题之一，由上海市规划协会委托同济大学建筑与城市规划学院城市规划系组织调研，根据各相关课题整合要求，本调研报告是在同济大学建筑与城市规划学院城市规划系调研组提供的调研报告的基础上，听取了评审专家的意见，充实了相关内容，综合分析研究写就的。调研报告中的有关情况、数字、照片、图、表均为调研组的调查成果。参与调研的人员有：本科生卢弘旻、马健、陈鹏、朱隽、胡晓霞、段文婷、郭淳彬、张筠、任深深、张逸平，指导老师是张松教授和李沁、杨菁丛两位研究生。他们在夏日酷暑的条件下进行调研，付出了辛勤的劳动和精力，才使得本课题完成，在此表示深深的感谢。

在搁笔之际，看到汪森强先生撰写的《水脉宏村》中的一段话发人深思。他写道："四百年营造一座宏村，村里有多少文化积淀！一水一木，一砖一瓦又有多少历史信息的层淀，而今天十年造一座新村，又能有多少自己的东西？又有怎样成熟的文化来支撑现代村落社会经济的架构？"建设社会主义新农村已历史地落到当代人的肩上，汪森强先生的这段话既给人以启迪，又催人奋进，从文化层面上研究新农村的规划、设计和建设是何等的重要！我们要提高文化自觉，传承文化根脉，努力建设适应当代农民需要的、富有乡村特色和地方特点的社会主义新农村，才能无愧于这个时代！

工业历史遗产为发展创意产业提供了广阔天地

一、上海发展创意产业的背景、目标和优势

上海是我国历史比较悠久的经济中心和工业基地,第二产业比重高,上海又是一个资源匮乏、环境承载能力有限、发展速度很快的城市。当今,世界已进入知识经济时代,根据国家要求,上海要建设国际经济、金融、贸易、航运中心和现代化国际大都市,必须对产业结构进行调整,大力发展第三产业,现代服务业,提高产业的知识含量、高科技含量,"创新驱动、转型发展"形成创新、创造、创业的社会氛围,建成富有活力的创新型城市,对发展创意产业提出迫切要求。

上海创意产业发展目标是:用 10~15 年时间,把上海建成亚洲最有影响的创意产业中心之一;用 20~25 年时间,使其成为全球最有影响的创意产业中心之一。创意产业发展的重点包括 5 个领域:研发设计(工业设计、工艺美术品、软件、产品、包装、动画、广告等),建筑设计(工程勘察、建筑装饰、室内设计、城市设计、环境设计等),文化传媒(文艺创作表演、广播、出版、影视制作等),咨询策划(市场调研、证券咨询、会展策划、市场调查等),时尚消费(休闲体育、娱乐、形象设计、婚庆策划、会展策划、摄影、旅游等)。

上海发展创意产业有多方面的综合优势:制造业、服务业繁荣,为发展创意产业提供了坚实的经济基础;产业结构调整腾出的厂房、仓库拆迁改造城市简棚屋区腾出的场地,为创意产业发展提供了得天独厚的空间;具有东西方文化交融、国际化程度较高的特点,为发展创意产业营造了一个开放的市场环境;拥有大量的高素质人才和众多大专院校,为发展创意产业提供了丰富的人力资源;筹建世博会为发展创意产业提供了良好的机遇。

二、综合工业历史遗产保护和利用发展创意产业

据 2005 年和 2006 年两年资料统计,上海创意产业集聚区已有 76 处,主要分布于黄

浦江、苏州河两岸地区。其中多处是利用工业结构调整腾出的厂房、仓库等工业历史遗产集聚形成了若干创意产业园。举例见下表。

创意园区名称	地址	占地面积（公顷）	建筑面积（平方米）	原来用途	现驻创意产业类别	现驻创意企业简况
田子坊	泰康路 210 弄	—	1.5 万	6 家弄堂工厂	画廊、设计室、摄影、陶艺馆、时装展示等	来自国内和美、法、澳、加等 18 个国家的 152 家创意企业，就业 810 人，成立了知识产权保护联盟
M50	莫干山路 50 号	2.3	4.1 万	棉纺厂、毛纺厂	服装设计、建筑设计、文化艺术等	来自 15 个国家的 80 家创意企业，2005 年营业收入 5 亿元
八号桥	建国中路 8-10 号	0.7	1.5 万	汽车制动器厂	建筑设计等	来自 8 个国家的 68 家创意企业
创意仓库	光复西路 181 号	—	1.2 万	四行仓库	规划设计、建筑设计、环境设计、时尚品牌推介等	10 余家创意企业
时尚产业园	天山路 1718 号	0.7	—	汽车离合器厂	服装创意产业技术公共服务平台（信息、展示、培训、品牌发布、设计）	几十家创意产业
天山软件园	天山路 641 号	1.3	2.5 万	双鹿电冰箱厂	软件开发、数字技术、培训等	来自国内外创意企业 70 余家
老场坊	沙泾路 10 号	1.2	2 万余	屠宰场	建筑设计、时尚设计、工业设计、知识产权交易中心、老上海影视基地	—

注：上表据不完全资料整理

三、上海创意产业发展概况

截至 2006 年底，上海创意产业发展已经取得了斐然的业绩，具体表现在：

一是规模增长创意产业。从已形成的 76 处创意产业集聚区统计，现已入驻了来自美国、日本等 30 多个国家、地区和国内的创意企业 3000 多家，从业人数占全市工作人口的 1% 左右。2005 年上海创意产业增加值为 549.4 亿元，占全市 GDP 的 6%。

二是扩大国际交流。据 2005—2006 年统计，上海创意产业共举办了展览、论坛、推介、大赛、考察、活动周等大型活动 214 件。例如：2005 年举办的上海第一届国际创意产业活动周，有 30 多个国家和地区 6000 余人参加，参观人数超过 10 万人次。联合国教科文组织、贸易组织等数十个国际机构和国内 20 多个大城市都来沪考察、交流创意产业发展的经验。

三是完善政策环境。加强公共服务。上海市政府制定了《关于加快创意产业发展的意见》和《上海创意产业集聚区建设管理规范》,健全保护知识产业的相关法规。设计专门的专利申请通道。编制了《上海市"十一五"创意产业发展规划》。设立了创意产业发展专项资金,建立信贷担保制度。设立创意产业发展公共服务平台,提供信息、咨询、交易、技术、人才培训等服务。

四是大力培养和集聚创意人才。上海有 13 所大学设立了 260 个重点创意产业专业(包括重复的专业数量)。大力引进国内外高级创意人才,制定本市创意人才开发目录,为留学回国的创意人才提供优惠政策和工作条件。

以上情况既展示了上海创意产业发展的业绩,也为其今后发展奠定了坚实的基础,相信今后上海创意产业一定会发展得更快、更好。

(本文是参考上海创意产业中心主编的《上海培育发展创意产业的探索与实践》等有关文章和资料整理的,并于 2010 年 10 月 15 日在上海与利物浦联合举办的"都市更新国际论坛"上进行交流)

桓台县新城国家历史文化名镇保护规划解析与实施建议

桓台县新城镇是目前山东省唯一的一座国家历史文化名镇。历史文化名镇是指那些反映地区文化特色，保存文物丰富，保留着城镇传统格局和历史风貌，历史建筑集中成片的城镇。我参与了新城镇保护规划的研究讨论，通过考察新城镇的历史文化遗存，研读相关文献资料，对新城镇的历史文化、保护规划及其实施，有了一些粗浅的认识和建议，写出来供讨论指正。

一、新城镇历史文化内涵

新城镇是桓台县的古县城，历史悠久，文化底蕴深厚。早在新石器时代，这里已经出现人类文明，考古出土了大汶口文化、龙口文化、岳石文化等文化层的很多文物。春秋时期，这里是齐国属地，世传齐桓公曾在此集结战马会盟诸侯，遗有戏马台古迹。明清时期，儒学兴盛，尚文崇儒传家继世，在科举制度催生下，出了众多的官宦、文人、贤士，城内功名坊林立，传有 72 座之多。王、耿两大家族官宦辈出，其中更有几位"忠勤报国"、为民请命"不惜以身殉"的清正官员；创立诗文"神韵说"的王渔洋影响深远，享有"江北青箱"之誉。民国时期，商贸振兴，南北大街商号鳞次栉比，商贸交往近悦远来。耿、冯、庞等家族的工商企业开设于山东省内外。抗日战争期间，时任桓台县商会会长的耿筱琴，资助并掩护八路军渤海军区侦查员曲荣，在桓台县一带收集情报打击日寇，为抵抗外敌入侵做出贡献。从历史演进可见，春秋、明清和民国三个历史时期是新城镇历史文化发展的重要时期，其历史文化内涵可谓"千载春秋、桓台渊源"的文化之根，"尚文崇儒、重礼端行"的继世之风，"忠勤报国、廉洁亲民"的为官之道，"江北青箱、'神韵'流长"的诗文之誉。

新城镇又是一座具有北方城镇特点的古镇。其特点，一是"东圆西方"的城郭形式。因筑城受河道限制，顺势而就，形成了东圆西方的格局，极具特色。城墙虽已被拆除，其遗址依稀可见。二是以十字街为骨架的棋盘式小尺度街巷格局。十字街至今仍延续着最初交通、商贸、集市功能；纵横交错的街巷，依旧保持着当年原始走向和尺度。三是"由"字形城镇空间布局。以古城墙为界、十字街为轴线、城外居中的北极阁为端景，古镇被分成四个街坊。以居住为主的古镇，西北街坊设有县衙、考院、书院，东北街坊设有学宫（孔庙）、城隍庙等，西南、东南两个街坊，集中了王、耿、徐、刘、毕等大家族的府邸，现存历史建筑较多。四是以北方合院建筑为母体的平直规正的建筑肌理。新城镇民居以一、二层坡顶建筑为主体，三合院、四合院居多，虽经历年改建，仍延续了合院建筑样式，总体剪影平直规正。

新城镇历史文化及其遗存界定了历史文化名镇的特色。但是由于种种原因，许多历史文化遗产遭受很大破坏：古城墙、学宫、北极阁等，以及绝大多数牌坊已荡然无存。现存的王渔阳故居、忠勤祠、四世宫保坊、耿家大院等 11 处（含 3 处遗址）虽分别被划定为省、市、县文物保护单位，但已年久失修。有文化价值的许多历史建筑和文化遗址也有待保护和修缮。由于经济社会发展，南北大街已被拓宽、改建，古镇内还建造了几处四五层的楼宇，有碍古城风貌。这些情况有悖于历史文化名镇的保护。根据国家对历史文化名镇实行"科学规划、保护为主、严格管理"的方针，以及文物工作贯彻"保护为主、抢救第一、合理利用、加强管理的方针"，保护新城国家历史文化名镇及其内在的各类文化遗产已经时不我待。

二、新城历史文化名镇保护规划的特点

新城国家历史文化名镇保护规划已经专家评审通过，专家们给予了较高的评价，并提出了中肯的意见和建议。保护规划成果规范，内容系统，统筹谋划，特点显明。

一是在历史文化名镇保护层面上，规划统筹古镇的保护和发展。古希腊哲学家亚里士多德说过："人到城市里来，是为了生存；人在城市里住下去，是为了生活得更美好"。新城镇老百姓世世代代在这里生活，见证了古镇的变迁。人是城镇的主体，保护古镇既要见物又要见人，既要保护历史文化遗产，也要促进古镇科学发展，为老百姓提供更美好的生存、生活环境。保护规划开宗明义地提出了"以人为本，统筹古镇保护与发展"的思路，确定了"促进新城科学发展"的理念，明确了"在保护中发展和在发展中保护"的原则。保护规划在提出各项保护对策和措施的同时，统筹谋划了绿地系统、道路系统、市政工程设施等规划，并以发展文化旅游为契机，进一步增强城镇的经济社会发展活力。保护规划及其实施要惠及老百姓，老百姓才会更加热爱和保护古镇。历史文化名镇的保护与发展是相辅相成的。

二是在历史文化遗产保护层面上，规划统筹物质文化遗产保护和非物质文化遗产保

护。保护历史文化名镇的目的是为了保护和传承优秀历史文化。文化包括物质文化、制度文化、精神文化，后两者为非物质文化，其中精神文化是维系和传承历史文化的命脉，决定文化发展的走向。物质文化与精神文化的关系是体与魂的关系。保护规划以"保护物质文化和传承精神文化并重"为思路，明确"以保护历史遗产为体，以弘扬历史文化为魂"的理念，构建全面系统的古镇历史文化遗产保护框架，并深入挖掘新城镇历史文化内涵，提出了演绎和展示非物质文化的建议，可谓形神兼备，进一步彰显了古镇的历史文化特色和价值。

三是在物质文化遗产保护层面上，规划统筹物质文化遗产的个体保护和古城风貌的整体保护。物质文化遗产个体是古镇历史文化的构成要素，古镇是历史文化的载体。"皮之不存，毛将焉附"，保护古镇不能只见树木不见森林。保护规划统筹物质文化遗产个体和古城风貌整体保护，前者彰显名镇文化精华，后者展现名镇特色面貌。从大处着眼，小处入手，分别提出了保护对策和措施，两者相得益彰。

四是在个体物质文化遗产保护层面上，规划统筹实体尚存的个体保护和实体无存的遗址保护。这是针对新城镇历史文化遗产破坏比较严重的现状和保护历史文化的需要所采取的规划对策。在历史文化遗址保护方面，大至古城墙遗址的保护，小至牌坊遗址的处理，都提出了相应的规划措施：对确有必要又有据可循的遗址，适度复建；对缺乏充分历史资料依据的遗址，采取提示性、意向性的措施，坚持不做假古董。对文化遗址的保护是一项新课题，目前在认识上不尽一致，保护规划所采取的对策是慎重的。

总之，保护规划视野较宽，视角较高，针对性较强，对于名镇保护、彰显其历史文化特色、提升其文化价值具有指导意义。

三、实施新城历史文化名镇保护规划的建议

新城国家历史文化名镇保护规划已经山东省人民政府以鲁政字（2011）81号文批复原则同意（以下称《批复》），并提出了保护规划实施的相关要求。保护规划的实施，应当以省政府《批复》统一思想认识，并落实到相关工作之中。学习《批复》，有以下几点认识。

（一）规划实施的目标。《批复》同意保护规划提出的目标任务。保护规划确定的目标是："使新城镇成为中国北方历史文化名镇保护的典范、优秀传统文化的传承地、名镇保护和旅游事业和谐发展的人文宜居城镇"。这是一个高水平的目标，也是新城作为国家历史文化名镇的题中之义。保护规划的实施，应当以上述目标为准星进行谋划、决策和评价。

（二）规划实施的重点。《批复》指出：要按照保护规划的要求，对文物古迹、环境和

具有传统风貌的街区予以重点保护，从整体上保护名镇的"东圆西方"的城郭形式和以十字街为骨架的棋盘式小尺度街巷格局。我理解，上述所谓古迹应指历史文化遗址。落实《批复》的要求，要研究文物保护单位、历史文化遗址和古镇环境风貌三类重点保护对象，如何按照保护规划的要求进行保护。保护规划所提出的相关保护策略和措施，有强制性的，也有引导性的。前者应当严格执行，后者还需要在实施中深化、优化。一是文物保护单位的保护，应当严格按照保护规划的要求和"修旧如故、以存其真"的原则实施。二是文化遗址的保护，规划提出的多是引导性的措施，在实施中有待深化、优化，如果处理得好，可以取得"化腐朽为神奇"的效果，这是一项探索性很强的工作。三是古镇环境风貌的保护，则分为三个层次：第一个层次是从整体上保护城郭形式和街巷格局，即保护古镇历史上形成的城镇空间结构；第二个层次是保护具有传统风貌的街区，即地区性的保护；第三个层次是对古镇其他地区的环境风貌整治，使之符合保护规划的控制要求。古镇环境风貌的保护，涵盖的要素较多，整治工作涉及相关老百姓的切身利益，实施比较复杂，需要本着理解环境、保护环境、创新环境的精神深化、优化规划要求，努力营造古镇传统风貌的环境效果。《批复》提出的保护重点是保护规划的重心，应当本着力求达到"名镇保护的典范"的目标要求组织实施。

（三）规划实施的综合效益。《批复》指出："正确处理历史文化保护与经济社会发展的关系。合理利用文化遗产，努力实现社会效益、环境效益和经济效益的统一。"保护规划就此已作出回应。从实现保护规划的目标出发，我认为主要把握三个方面：一是弘扬优秀传统文化内涵，要采取有效的方式和手段，着力加以演绎；二是发展文化旅游，要围绕古镇文化特色，重点研究旅游事业发展的路径、方式和措施；三是提升古镇生活质量，要针对存在的问题，大力加强改善措施。这些方面的工作，对于实现名镇成为优秀传统文化传承地、名镇保护和旅游事业和谐发展的人文宜居城镇的规划目标至关重要。

（四）规划实施与相关规划的衔接。《批复》提出，做好与相关规划的衔接，进一步完善各类用地布局，深化市政设施规划、消防规划，优化旅游线路，深化交通组织和路网布局，合理确定分期建设目标，突出近期建设重点等方面的要求。与保护规划相关的规划，主要涉及新城镇总体规划、旅游规划、社会主义新农村建设规划和桓台县域相关规划等。其中新城镇总体规划是指导城镇建设的法定规划，其作用是明确用地功能，综合协调相关规划。因其多年之前编制，尚未包括历史文化名镇的保护。现在，新城国家历史文化名镇保护规划已经省政府批准，并提出完善用地布局，深化相关规划的要求，应当将保护规划作为重要内容纳入新一轮新城镇总体规划之中，并按照新时期发展要求抓紧修编新城镇总体规划。惟其如此，才能落实《批复》要求，合理确定分期建设目标和近期建设重点。

（五）规划实施的保障措施。《批复》还就制定历史文化名镇保护的相关政策措施，明确保护规划实施的相关责任主体作出规定，对于确保规划顺利实施十分重要。

保护规划的实施涉及面广量大，是一项花费财力、物力、人力和时间的系统工程。新城镇是国家历史文化名镇，对其保护工作，桓台县政府及其相关部门一定会按照《批复》的要求，尽力而为，量力而行，积极推进。古人云："不积跬步，无以至千里；不积小流，无以成江海"。只要一步一个脚印地做好每一项保护工作，规划目标一定会实现。我们坚信，一座承载着厚重的历史文化价值又富有发展活力的新城镇一定会出现在齐鲁大地。

其他

新形势下解读城市规划行业协会的地位、作用和发展

我国《国民经济和社会发展第十一个五年规划纲要》是未来五年我国经济社会发展的宏伟蓝图，是全国各族人民共同行动的纲领，是政府履行经济调节、市场监管、社会管理和公共服务职责的重要依据。学习《纲要》，联系城市规划行业协会的现状和发展，有以下几点认识，写在这里与城市规划界的同行们讨论。

一、城市规划行业协会的地位

我国"十一五"规划纲要提出了推进社会管理体制创新的任务，我国社会管理制度建设的目标是"健全党委领导、政府负责、社会协同、公众参与的社会管理格局"。这个目标体现了具有中国特色的现代社会管理模式，即在中国共产党的领导下，以政府干预与协调、非政府组织为中介、基层自治为基础、公众广泛参与的互动过程。

健全现代社会管理制度是适应社会主义市场经济体制条件下，经济多元化和社会生活多样化发展趋势，改革社会管理体系的需要，也是加强社会主义民主政治建设，健全民主制度，丰富民主形式，保证社会组织和公民依法进行民主管理的需要；按照上述目标健全现代社会管理制度，社会管理主体扩大了，行业协会的地位提升了，包括城市规划行业协会在内的非政府组织协同政府进行社会管理，是一种社会自我管理和社会自治管理。这是我国改革开放推进到新的历史阶段所赋予行业协会的历史责任。行业协会协同政府管理社会事务，它既是行业管理的主体，又是政府管理社会的助手。

城市规划行业协会作为城市规划行业管理的主体，首先，必须界定城市规划行业的范畴。行业协会是同行业的单位自愿组成的非营利性社会团体法人。城市规划行业是现代服务业的组成部分。我认为城市规划行业是指从事城市规划编制、研究、咨询、服务中介的单位。现在很多城市规划行业协会把从事城市规划管理的政府部门也作为会员单位纳入城市规划行业协会之中是不妥当的。城市规划管理虽然也是一项城市规划工作，

但是，它属于政府行政管理的范畴；政府部门虽然具有服务的功能，但是，不能把政府归入现代服务业。从事城市规划管理的人员，虽然也是城市规划技术人员，但是，他是政府公务员。总之，城市规划管理部门和规划管理人员是构成政府行政体系的一部分，是按照我国《政府组织法》设置和组建的，并非是同行业的单位自愿组成的。城市规划管理部门与城市规划编制研究、咨询、服务中介单位有密切的联系，但是，也有本质的区别。因此，不能把政府行政体系中的规划管理部门及其城市规划管理人员纳入城市规划行业管理之中，否则，就会产生行业协会管理政府部门的不伦不类的情况。其次，必须看到，目前我国城市规划编制单位资质管理是由城市规划行政主管部门负责的，有些城市规划编制还是城市规划行政部门的下属单位。今后对这些单位和业务如何管理，还需要根据我国国情通过深化改革、政府职能转变、行业协会的发展逐步明晰，哪些由政府管理，哪些由行业协会管理，哪些由政府委托协会管理。不能操之过急，协会更不能向政府要权。

市规划行业协会作为协同政府管理社会的助手，并不是第二个城市规划管理部门，也不是城市规划管理任务的延伸，而是加强城市规划行业的自我管理。城市规划行业协会应该通过协会工作，促使行业单位模范地遵守国家法律、法规。认真贯彻执行政府地方针政策，自觉地坚守城市规划职业道德，更好地完成城市规划服务工作，与政府同心同德地建设社会主义和谐社会。因此，城市规划行业协会是城市规划行业单位与政府之间的桥梁和纽带。行业协会的地位和作用决定了城市规划行业协会的建立必须坚持"政会分开"的原则，即行业协会要在机构、人员、资产上与政府部门脱钩。目前我国城市规划行业协会还处在起步和发展阶段，协会领导大多由规划管理部门退休的老领导担任，有些工作人员还由规划管理人员兼职。还存在着办会经费不足，协会职能不清等问题。这些问题需要在协会建设和发展中加以解决。

二、城市规划行业协会的作用

"十一五"规划纲要提出了行业协会要"发挥提供服务、反映诉求、规范行为的作用"。这是行业协会的地位所决定的。上海市关于行业协会发展的规定中，明确了行业协会具有"行业自律、行业服务、行业代表、行业协调"的职能，正是体现了行业协会的上述作用。

城市规划行业协会应该为行业发展提供公共服务平台。诸如举办报告会、研讨会；组织人员技术、职业、管理、法规等培训；收集、分析、发布国内外有关城市规划信息，开展信息、技术等咨询服务；组织国内外城市规划技术交流与合作等，服务空间大有作为。这其中涉及城市规划行业协会与城市规划学会的工作交叉问题，应该加强"两会"的密切合作。有条件的地方，也可以借鉴美国城市规划协会在协会内设立学术委员会的做法，把协会和学会的工作结合起来，既有利于协同开展工作，也有利于节约人力资源。

城市规划行业协会应该成为城市规划行业之家。协会反映行业诉求，维护行业利益是理所当然的事。协会应该开展行业调查研究，掌握行业动态，向政府等有关部门提出有关政策和立法方面的建议，反映行业、会员诉求，维护会员合法权益。还可以在国际合作中参与协调等。

城市规划行业协会对行业的自我管理，加强行业自律，规范行业行为十分重要。一方面，协会要密切与城市规划行政管理等部门的沟通，将行业协会运转纳入城市规划中心工作的轨道；组织学习，并贯彻落实有关政策、法规。另一方面，协会还应该制定行业规划、行业公约、行业标准，进一步规范行业行为。只有通过行业自律，才能促进社会协调、有序的运转，才能发挥行业协会协同政府管理社会的作用。

三、城市规划行业协会的发展

"十一五"规划纲要，对行业协会的发展提出了新要求，也为行业协会的发展开创了新天地。作为城市规划行业协会应该不辱历史使命，要站在新起点，认清新形势，把握新机遇，实现新发展。

一是坚持依法办会，规范协会新发展。依法治国是我国的治国方略。法制环境是行业协会发展的依据和条件，城市规划行业协会必须依法办会，依据协会的法定职能开展协会工作。对于协会存在的若干不符合规定的问题，例如协会与政府部门合署办公，现职政府公务人员在协会任领导职务等，应该及时纠正。

二是坚持改革实践，探索协会发展。行业协会是深化改革的产物，只有坚持改革才能促进协会的建设和发展。行业协会如何才能完成赋予它的历史使命？城市规划行业协会如何针对城市规划行业特点开展工作？如何开展工作才有实效？诸多问题都没有现成的答案，只有把握住行业协会的地位和作用，在实践中探索，在实践中寻求答案。

三是回应政府职能转变，深化协会发展。目前，城市规划行业管理的许多职能都还由城市规划行政管理部门负责。哪些应该由行业协会履行的职能移交给行业协会，哪些适宜于行业协会行使的行业管理职能要委托给行业协会，都需要伴随着深化改革，转变政府职能，才能逐步清晰。另外，也需要健全行业协会机构，提高行业协会管理人员素质，才能承担政府转移下来的行业管理职能。

四是加强自身建设，保障协会发展。行业协会的自身建设对于协会的发展至关重要。目前，城市规划行业协会的领导和工作人员大多由规划管理部门的退休人员担任。这种情况作为过渡是可以的，从行业协会地位和作用的要求来看，协会领导和管理人员必须年轻化、职业化。还要加强协会党的组织建设，充分发挥党的基层组织的监督保障作用。

展望城市规划行业协会的地位和作用，任重而道远，"千里之行始于足下"，我们还是要从自身的实际情况出发，不断加强城市规划行业协会的建设和发展。

（本文刊于 2006 年第 6 期《规划师》）

"雕塑与城市对话"的启示

参观城市雕塑艺术中心举办的"迎世博 2007 上海国际雕塑年度展",是一次精神的享受,也是一次思想的洗礼。

年展展示了 170 余件城市雕塑作品,琳琅满目,精彩纷呈。一是雕塑题材广泛。有对现实生活的写照,也有对人生哲理的诠释;有对城市历史的绵绵回忆,也有对生存环境的深深反思;有对传统文化的继承与创新,也有对生活情趣的玩味与调侃。二是雕塑语言丰富。除了写实的具象雕塑外,更多的雕塑是采用不同的材料,运用变形、夸张、省略、渐变、色彩、肌理、对比、抽象等雕塑语言表现主题。三是雕塑手段多样。很多雕塑在传统雕塑手段的基础上,采用了编制、叠合、堆积、拼贴、榫卯、铰合、焊接等手段创作作品。总之,从年展中可见城市雕塑创新、发展的轨迹,涌现出不少的成功之作,美不胜收。

参观年展后意犹未尽,归来又对赠阅的《年展作品集》中的雕塑介绍细细品味了一番。这次年展的主题是"雕塑与城市对话"。由此醒悟到,雕塑年度展对城市规划的发展与提高启示多多。

其一是关于时代特征、中国特色和地方特点的思考。年展中许多雕塑是先锋的、时尚的、新潮的作品,是当代艺术的成果,时代特征显明。其中有些作品以传统文化为根基进行了艺术的探索。例如,时尚流行的《美甲》,以民间剪纸表达人们向往美好生活的浪漫情怀;《大花马》则吸收了传统陶器的造型特征,传达了质朴、率真的童趣(图 1)。又例如,一色艳红的《新娘》,运用现代雕塑语言,表现了中国传统文化中洞房花烛新婚习俗,其虚实间的处理,传递出雕塑人物的神秘性;一样鲜红的《飞檐》,以中国传统建筑中的斗拱、椽为素材重构,赋予雕塑以特殊的视觉形象,给飞檐的内涵以全新的诠释(图 2)。再例如,当我们看到《心曲——向林风眠致敬》和《良宵》时,会即刻感受到中国传统绘画中的线描的神韵:简练、飘逸、流畅,其视觉体验既是民族的,又是现代的(图 3)。

以上所举的三组雕塑,从传统文化艺术中"形"的借鉴、渐变,到"神韵"的传递,给人以美的享受。其成功之处在于对传统文化的挖掘、思考和弘扬,传统文化是造就这些

图1 《美甲》（左）和《大花马》（右）

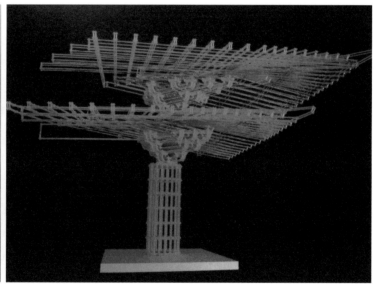

图2 《新娘》（左）和《飞檐》（右）

作品特点的"基因"。联想到这些年来城市建设在营造城市特色的进程中，城市建筑简单地采取"拿来主义"：有中国的"假古董"，也有外国的所谓"欧陆风"，难以形成真正具有时代特征、中国特色和地方特点的城市风貌。其个中原因，"雕塑与城市对话"给了我们回答：城市规划与建设对传统文化的研究太薄弱了。城市是一个物质实体，雕塑也是一个物质实体。显而易见，不论雕塑还是城市，都蕴含着丰富的文化内涵。文化是物质形态的灵魂。在经济全球化的背景下，中外文化的渗透、相融是必然的趋势。费孝通先生说得

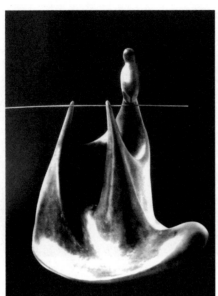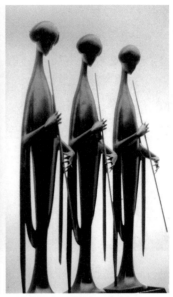

图 3 《心曲——向林风眠致敬》(左)和《良宵》(右)

好:"各美其美,美人之美,美美与共,世界大同"。美美与共并不意味着文化的趋同,而是在中外文化的碰撞交融中产生新的文化形态,上海的里弄住宅就是这样造就的。在这个过程中,我们坚持文化自觉,坚守传统文化之根。相对之下,城市比雕塑复杂得多,把握文化内涵的难度也大得多,但是如果因难而却步,我们建设富有中国特色、地方特点城市风貌的目标也就难以实现了。城市规划工作应当知难而进,上海以"规划管理提高年"为契机,加强对我国传统文化的研究,为新时期的城市建设做出应有的贡献。在写这篇文章的时候,惊然看到了《文汇报》对河南新始祖山上大造所谓"祖龙"的报导,并引发了众人热议。类似的情况在各地时有发生。"祖龙"事件再一次从反面向我们敲响了警钟。这种打着"传统文化"的幌子,将文化商品化、娱乐化、粗鄙化的行为,无疑是以文化的名义毁灭文化、亵渎文化。这从另一个角度告诫我们,以敬重、虔诚的心态研究传统文化何等的紧迫、何等的重要!

其二是关于环境问题的思考。年展中许多雕塑表现了对环境问题的关注。例如,《失落的世界》和《竭》揭示了对环境破坏的无奈与担忧。前者塑造了一个柔弱的女子微张双目,直面看变化中的人类生存环境,不禁流露出无奈、失落与彷徨,旨在唤醒人们对环境的关注;后者则用管道的阀门这种冷冰冰的工业品与原生树木结合,反映人与自然的关系。雕塑以《竭》命名,点明了如果人类不停地向自然索取,最终自然资源是会枯竭的(图 4)。又例如,《生存模型》和《孤独》反映了城市中高层林立对居民的心理感受。前者运用一个框架结构,及其框架中的窗口处理,寓意现代人生存的状态;后者则以坐在高柱顶端的两个男女的孤独神态,反映出城市的隔膜感(图 5)。再例如,《清风》是风的记忆。作品把一个青春少

图 4 《失落的世界》(左) 和《竭》(右)

图 5 《生存模型》(左) 和《孤独》(右)

女的自然呼吸的瞬间形态定格在大理石上，观众可以感受到她的惬意，从中体验到人们对新鲜空气的需求何等重要（图 6）。《同一首歌》雕造了三个不同肤色的少年昂首高歌，不一样的天空有着同样的感受，同样的渴望，让我们唱出同一首歌。这歌可能是人与自然和谐发展的歌，也可能是和平之歌，同样都是一个全球性的问题（图 7）。雕塑只能以作品

图 6 《清风》　　　　　　　　　　　图 7 《同一首歌》

的艺术形象表达环境问题的现状，传达对改善环境的渴望，并向世人发出改善环境的呼吁。改善人类生存环境则是一个全球性的、系统性的课题，也需要城市规划工作尽力。党和国家政府已要求以科学发展观为统领，建设资源节约型、环境友好型的城市，构建和谐社会，这其中有大量的新课题需要城市规划工作者去研究、去解决，时不待我，应该到了奋起行动的时候了！

其三是关于创新的思考。年展中的很多作品已超越了传统意义上的雕塑。表面上看来，有的像是机械装置，有的是纸盒的堆砌，有的是构成元素的摆放，有的则是一个纸团或一杆大秤等等。由此深感雕塑的边界模糊了。如果细细品味，借助它的命题、介绍和形象，也会得知它所传递的信息和意图，并给人以联想的空间。仔细想起来，雕塑作为艺术创作，是一个复杂的思维过程。它需要采用恰当的艺术形象表达作者的意图。作者的灵感是创作的灵魂。这些雕塑的创作灵感从何而来？它们是作者从大千世界的种种物象中，诸如山石、机械、建筑、家具、电影、陶瓷、象棋、扑克牌、老月份牌、积木、盆景、纸盒、纸团，以至一团乱麻中去感受、去思考，进而升华为作者的创作灵感，采取相应的创作手段完成雕塑的创作。这些雕塑的创作同样来源于生活，反映生活。但是，在雕塑语言、雕塑手段和表现形式上发展了传统的雕塑。其中有成功的作品，也有探索的尝试，其探索、创新精神应该给予肯定。

这种探索给我们的启示是，唯有创新才能发展。创作不能墨守成规，要从现实生活中汲取养料，在实践中不断探索，在大胆突破中寻求新的创作途径。

城市规划的编制与实施是一项靠人去完成、去组织的创造性活动。新世纪、新阶段城市规划工作面临新的机遇和挑战。我国城市化的快速进程，为城市规划发展提供了广阔的天地，落实科学发展观，构建和谐社会，给城市规划工作提出了许多新课题。城市规划只有与时俱进、创新发展，才能承担起历史的重任。城市规划的创新不是"闭门造车"，其创新的目的是揭示并反映城市发展的客观规律。雕塑年展启示我们，在城市发展的实践中不断总结、探索，寻求城市科学发展的规律是十分重要的。这并不意味着排斥国外先进的理论和理念，但是不要标签式地在城市规划项目中简单地引用国外某某主义、某某理念。殊不知，这些理论和理念有它产生的社会背景，运用它要考虑我国国情，只是囫囵吞枣式的引用，既非创新，也可能无济于事。

对话是交流，是讨论。"雕塑与城市对话"引发了上述的思考，写出来供讨论。

（本文刊于 2007 年第 2 期《上海城市规划》，照片由上海城市雕塑艺术中心提供）

业余收藏断想

从收藏《建筑学报》开启了我的业余收藏，按个人喜好收藏一些容易收集的物品，来源广，成本低，顺其自然，不刻意追求。国内外出差旅游时购买的一些小工艺品，日积月累也成了收藏对象。这里选择了国内外考察、旅游时收集的十几件工艺品和小摆件。略加点评与大家共享。

1. 这件古代仕女雕塑是一位华裔荷兰籍女雕塑家赠送的。它的特点在于，题材是中国的，造型混搭了西方元素，如头饰，衣带等，是这位雕塑家的经历使然，雕塑作品以衣带飘逸轮廓显现出仕女的体形和动态，惟妙惟肖！

2. 这件袈裟和尚根雕是我参加"千名老人游三峡"活动时从地摊上购得的。作者利用自然长成的木根长势作为袈裟，在其顶部精雕细刻和尚的头部面容，由于袈裟的飘势与和尚的脸面方相左，巧妙地形成了袈裟和尚挥手亮相的效果，富有动态，可谓"笔墨不多，形态跃然"。作者因材施雕，以少胜多的艺术手法是其特点。

3. 这尊木雕块面头像，是在土产品展销会上，从一位东北老乡的摊位上买到的，木雕块面鲁迅造型在似与不似间，给人以丰富的形象，也联想到头像素描学习时看到的类似石膏头像。但那是专业的作品，这却是出自民间艺人之手，可赞可叹！

4. 木偶是日本标志性旅游产品，在日本到处可见，唯有这座女童木偶夺人眼球；简洁的体块构成，强烈的色彩对比，灵动的飞鹤浅刻，可爱的女童脸庞，人见人爱，非买不可！

5. 这件双鹅陶艺品是一对黑天鹅夫妻，作者抓住鹅的体形特征，颈部适度夸张连体变形，头部相依，表达其恩爱卿卿，取意白居易《长恨歌》"在天愿做比翼鸟，在地愿为连理枝。"美哉、妙哉！

6. 这也是一对黑天鹅小铸件，在参察希腊历史文化遗产保护时，我从雅典购物街上买的。它的有趣之处是，作品着力夸张鹅的曲颈，将两者相向摆放构成的心形轮廓，蕴含"心心相印"之意。

7. 这两幅照片分别拍的牦牛和舞龙小摆件，牛和龙是我和老伴的属相。两件工艺品的材质分别是陶和铜，其体量的大与小，形态的静与动，形象地反映了我和老伴的体型和性格，值得一提的是，舞龙借鉴了出土汉像砖中的龙的造型，简练、灵动。

8. 这件长颈陶瓷瓶是 1980 年代我出差唐山时花了 5 元钱买到的，其动人之处，不仅是它的造型，更是它烧制时"窑变"形成的多彩流动的纹样。"窑变"是钧瓷烧制的特点。古人说："钧瓷入窑一色，出窑万彩。"妙韵天成，绝非人为能及，而是釉料中铜、铁等元素在窑火中熔融、流动，氧化和还原的过程。

9. 这两只象与猪的摆件小巧有趣、作者抓住典型体现两者形象的体态和部位，着力变形、夸张，憨态可掬，令人把玩不久。

10. 这只和平鸽摆件是我到澳大利亚旅游时，在去墨尔本路上一个小镇上买到的。据店主讲，它是当地居民委托其代卖的家中物品。在简洁光滑的棕色木质鸽体上，贴了几片

7.　　　　7.　　　　8.

9.　　　　10.

镂刻精细的金色铜片做成的羽翅、尾巴、项圈和眼睛。以不同的材质和简繁不同的表皮处理，塑造一只色彩协调、形态安详的和平鸽，十分耐看。

11. 这只小小的老酒坛，是喝完绍兴酒后留下来的，它的造型、比例、色彩都无懈可击，其表面处理匠心独运；瓶的上下部表面的凹凸与平滑、色彩的深与浅，对比明显，视觉冲击力强。尤其是在瓶身浅刻的江南小桥流水人家，会让那些走南闯北的人们"自斟添乡愁，最忆是江南。"

12. 这条玻璃鱼摆件是我去威尼斯旅游时，参观玻璃工艺品制作工厂买的。当时，我看着制作艺人从红彤彤的炉火中取出烧红的玻璃料，用手钳熟练地七弄八弄就成了一条活灵活现的玻璃鱼，叹为观止！

13. 这是一只布制的微型老虎枕头，其北方传统的布老虎造型，简单，粗犷，憨态中隐现凶险，由此我想到娃娃年代穿过的虎头布鞋，日月沧桑，人已老矣！

11. 12. 13.

户外广告的功能、现状及其发展取向

最近，上海市广告协会的一位朋友谈到，迎世博行动计划的实施，对某些地区的户外广告进行整治、拆除。他理解这一举措的必要性，也引发了他对户外广告如何发展的困惑，希望听听局外人士的意见。我与户外广告有缘：1963 年参加工作后所做的第一件事，就是参与迎接国庆 15 周年市容整顿工作，首次接触户外广告；在长期的规划管理工作中，也断断续续地与户外广告打交道；想不到退休 10 年后，又接触到这个话题。恭敬不如从命，谈点个人的认识和建议，与大家一起讨论。

一、对户外广告功能和现状的认识

改革开放，实行社会主义市场经济，极大地激发了广告行业的发展。据了解，改革开放前，本市广告企业屈指可数，现在，竟有两万家之多。其中，经营户外广告的企业也有 3000 多家。户外广告企业何以发展得如此迅猛？这与市场经济条件下广告的功能密切相关。在计划经济年代，工厂的生产计划是根据上级下达的任务确定的，其产品按照统购统销、配给等方式分配，"皇帝的女儿不愁嫁"。而在市场经济条件下，不同所有制的多元经济实体共存，其所生产的商品是根据市场销售、需要定产。为扩大其市场占有份额，需要通过广告作为媒介介绍商品，扩大消费，发展经济，这是广告的基本功能。"广告，广告，广而告之"，户外广告接触的社会层面广，影响的范围大，生产商、广告商都依靠户外广告媒介以期获取更大的利润，户外广告企业迅猛发展就不足为奇了。

户外广告的基本功能决定了选择在人流集散密度大的地方设置，以扩大其影响。首选当然是商业中心、商业街。而且这里的人群都有购物欲望，其宣传效果可以立竿见影。商业区的广告多即缘于此。众多的户外广告营造了商业区的繁荣景象，户外广告也成为了商业区的标志。近几年，一些户外广告还与公益传媒相结合，在广告的一定位置设置电子活动字幕，动态报导最新新闻和天气预报等公众关心的电讯，深受大众欢迎。上述情况也延伸了户外广告的功能。由于户外广告在市场经济中的积极作用，国家和各地政府制定了相关的法律、法规、规章和技术标准，规范其有序发展。

户外广告具有积极作用，是不是多多益善呢？答案是否定的，户外广告设置应当把握一个"度"。从上海的商业区和商业街的现状情况看，一是商业区的人流密度大，人行道空间有限。目前设置在人行道上的各种设施（包括广告）有几十种之多，加之疏于管理，路面停车、设摊，如果在人行道上设置广告过多，不仅影响人行空间，也遮挡商店橱窗。二是有些商业街还设置了带霓虹灯的跨路广告，广告的色彩与交通红绿灯混淆，有些户外广告还阻挡了交通标志，对交通安全留下隐患。三是户外广告是视觉媒体，其画面给人以美的感受。但是，当户外广告数量过多时，从量变到质变，则会"过犹不及"，造成视觉疲劳，影响到城市空间环境质量。这如同某些地区的建筑，从每一幢看去很美；如果这些建筑仅仅是简单地凑合在一起，由于缺乏城市设计，则显得杂乱无章。

另外，3000多家户外广告企业经营的广告数量巨大，不可能都设置在商业区、商业街上，"僧多粥少"，另辟新径：大楼顶部、建筑墙面、大桥护栏、高速道路收费口、某些历史文化风貌区、甚至居住区等人流集散处，都设置户外广告，一旦设置不当，也会产生另外一些矛盾。例如，有的屋顶或墙面广告因大风坠落的报导，有的户外霓虹灯广告对居民生活造成影响等，时有所闻；最令人惊讶的是，以前我曾看到在南京西路国际饭店旁，户外广告把与其相邻的一整幢大楼包装起来，出奇制胜，欲与国际饭店历史文化建筑试比"高"。其效果是，户外广告喧宾夺主，破坏了文物保护建筑的历史环境。

由于户外广告设置过多或设置不当所产生的负面外部效应叠加、积累、扩大，则会对城市空间环境、市容市貌造成负面影响。解决这个问题，由于市场本身固有的"缺陷"，广告企业是难以主动解决的，必须由政府干预。因此，迎世博行动计划的实施，针对户外广告设置存在的突出问题进行整治是必要的。

户外广告设计是一种艺术创作，户外广告业是一项文化产业。提高户外广告感染力和媒介效果的关键在于创新。户外广告的创新包括广告主题的画面演绎和广告语的文化内涵的挖掘，给人以深刻的印象和丰富的想象，小中见大，而不在于广告面积做大。在浩如烟海的广告中，给我印象最深、耐人寻味最浓的是多年前一幅介绍化妆品的户外广告。它的广告语是"今年20，明年18"，初看不明白，细看感悟多：让受众体会到，使用这种化妆品可以取得越活越年轻的功效，女士们谁不想买来一试呢？另一幅是采用霓虹数码技术，隐含在浦东震旦大厦玻璃幕墙里的广告。白天看不到，夜晚开启后，与大楼灯光交相辉映，形成亮丽的浦江夜景，效果很好。遗憾的是，这类有创意的广告太少，而追求大面积的广告时有出现。究其原因，是对户外广告作为城市空间物质要素的"身份"把握的错位，如一味以大取胜，则会造成喧宾夺主的后果。户外广告是城市空间环境的添加物，应当融入环境，并使之取得与环境相得益彰的效果。

二、对户外广告发展取向的建议

我认为，迎世博行动计划的实施，对户外广告的整治的目的是为了促进其有序发展。广告业应当以此为契机，探索户外广告科学发展之路。通过发展解决目前存在的突出问题：一是广告数量适度的问题；二是广告与环境相得益彰的问题；三是广告阵地出路的问题；四是管理部门与广告行业加强沟通的问题。为此，提出以下发展思路：

（一）遵循广告规划、区别地域发展

户外广告规划，是城市规划中的一项专业规划，其作用是促进户外广告的有序发展。户外广告规划一经按照法定程序批准就具有法律效力，有关管理部门和广告企业必须据以执行。

根据城市不同地区的功能和法律规范规定，户外广告规划对户外广告的设置划定了展示区、限制区和禁止区三类不同地区，并提出了不同地区户外广告设置的控制要求。户外广告的发展应当符合广告规划的控制要求。在展示区和限制区，户外广告规划所拟定的广告阵地，反映了规划设置的数量，但其具体位置、尺寸、面积、形式等尚需通过深化设计才能明确。在禁止区是不准设置户外广告的。

（二）提倡城市设计，融入环境发展

户外广告是城市空间环境的物质要素之一，搞得好可以锦上添花，搞得不好则会产生负面的外部效应，需要从空间环境的角度对其审视。由于户外广告是以建筑物、构筑物和道路、广场等空间环境为载体的，在一定范围内，广告与其载体之间、广告与其他物质要素之间、各种物质要素和开敞空间之间，存在着相互影响的内在联系，这种联系决定着空间环境质量，仅从一张户外广告的设计图难以决定取舍，需要通过一定地域范围的城市设计，综合审视户外广告与所在环境中各种物质要素的关系，才能决定其位置、尺度、面积、形式是否合理适当。户外广告的城市设计，对于某些重要道路、公共活动中心等重要地区的户外广告设置尤其显得重要。

（三）转变发展模式，锐意创新发展

户外广告规划能够提供的广告阵地有多少？ 3000 多家户外广告企业的维持生存或者进一步发展需要多少阵地？两者有多大的差距？建议广告协会做点调查研究，据以探讨户外广告的发展出路。说到户外广告，人们很自然地想到灯箱、路牌、牌匾等样式。这已经是几十年的户外广告传统模式了。近几年虽然出现了活动式的、数字化的广告样式，但为数不多。面对户外广告阵地"僧多粥少"的严峻形势，户外广告要转变发展模式，锐意创

新。例如，充分利用数字化等科技资源，探索户外广告新的发展样式；又例如，户外广告能否与商店橱窗设计相结合，开辟橱窗广告；再例如开辟外地户外广告市场等。由于广告在市场经济发展中的积极作用，在规划允许设置户外广告的地区，户外广告是这些地区的空间物质要素之一，应当纳入这些地区的详细规划之中，规划户外广告集中展示区位或展示设施。在商业建筑设计中，在适当的建筑墙面上设计广告展示位置。鉴于市区户外广告阵地日趋稀缺，对于某些黄金地段的广告阵地，实行挂牌拍卖。

（四）加强管理沟通，促进和谐发展

加强管理和沟通涉及政府管理部门和户外广告行业协会双向联动。管理部门应当完善户外广告的法制建设和户外广告规划的制定并予以公示，加强对户外广告的管理和指导；广告行业协会应当发挥广告行业与政府之间的桥梁和纽带作用，发挥服务、自律、代表、协调职能，制定行业发展规划，加强行业自律，协调有关事宜，为会员单位积极提供服务。为加强双方沟通，建议建立管理部门和广告行业协会之间的例会制度，听取管理部门指导，反映行业诉求，促进户外广告的和谐发展。

期望以迎世博行动计划的实施为契机，群策群力，探讨户外广告产业的发展规划，健全工作机制，促进户外广告业的有序发展，在社会主义市场经济中，发挥其应有的功能和作用。

（本文刊于 2009 年 2 月出版的《亚洲户外》）

上海传统工业技术改造要与城市改造相结合

在整理这本文集的文稿时，无意中发现了一份 1985 年 4 月 3 日中共上海市委研究室供领导参阅的《简报》。其内容是我写的对上海传统工业技术改造的建议，题目是"上海传统工业的技术改造要与城市改造相结合"。经过回忆，那是我当时参加市委研究室召开的改造传统工业座谈会上的发言稿，其材料是在规划管理工作中收集整理的，提的建议也是规划管理部门应当说的话。这份发言稿被市委研究室采用，作为内参简报送市委领导参阅。三十多年后的今天，再看这份《简报》有两点感受：一是上海传统工业以如此简陋的条件，为我国经济社会发展做出了很大贡献。据查有关资料，1984 年上海传统工业产值约占全国的 10%，约有 65% 产值的产品调往兄弟省市区，供出口的产品占 14%。二是经过三十多年的旧区改造和产业结构调整，旧貌换新颜，《简报》中反映的情况已经不复存在，其遗存下来的工厂、仓库、场地又为上海建设"四个中心"做出新的贡献。回顾上海发展历程，不能忘记上海传统工业艰苦创业的历史。遵循温故而知新的古训，借此复录如下：

中华人民共和国成立以来，上海工业贯彻执行"充分利用、合理发展"的方针，取得了飞跃的进步，建设成为工业门类比较齐全，技术水平比较高的综合性工业基地。1984年全市工业总产值达到 766.5 亿元，比中华人民共和国成立初期增长了 30 多倍。为适应工业发展的需要，"一五"期间本市建设了北新泾、彭浦、桃浦、漕河泾、长桥等近郊工业区，"二五"期间建设了闵行、吴泾、嘉定、安亭、松江等远郊卫星城，"四五""五五"期间又建设了金山石化和宝钢两个全新的工业基地。这对于调整城市布局，合理分布工业，建设新兴的骨干工业，发挥了积极的作用。但是，上海作为一个老工业基地，工业的发展主要还是充分利用原有的工业基础，从无到有，从小到大，从旧到新，挖潜增殖。例如纺织局，1949 年以来基本上没有新建工厂，相反还拿出了 8 个工厂、25 万平方米厂房用于发展电子等新兴工业，同时上缴国家税利 500 多亿元，而同期国家拨给的基建、措施等建设资金仅 8 亿多元。上海的工业结构，经历了从有轻无重，以轻支重，到以重带轻，轻重并举的发展过程。重工业在工业总产值中的比重，中华人民共和国成立初期占 13.6%，

1984 年占 44%。回顾上海工业发展的道路，一方面可以看到充分利用、挖潜增殖的显著效益，另一方面也带来许多严重后果，主要是给城市背上了"包袱"，城市功能削弱，反过来又限制了工业的进一步发展。主要矛盾有：

一、厂房密度高、危房多、场地小

全市 6770 家工厂企业中，小型工厂有 6380 多家，很多是里弄工厂，过去都有一段"芦席棚下闹革命"、"草窝里飞出金凤凰"的艰苦创业史，厂房条件很差。如纺织局 627 万平方米厂房中，有危房 64.7 万平方米，其中一级危房 17 万平方米；手工业局有 92 家工厂没有食堂，60 家工厂没有厕所；上海手表厂，厂内搭建了 54 只搁楼进行生产。很多工厂连走道、活动场地也搭建了生产用棚屋。纺织局系统的体育场地与 1965 年相比，篮球场从 20 只减少到 7 只，足球场从 7 只减少到 2 只，游泳池从 12 只减少到 6 只。全局还有 62 家工厂根本没有场地建设治理三废设施。上钢十厂生产发展，先用隔壁牛奶场作仓库，后来仓库又作了车间，在徐虹路另外征地作堆场，现在徐虹路堆场又作了车间，再到虹桥路私租土地作堆场。据市农业局的不完全统计，市区工厂单位在近郊租用生产队土地作仓库、车间的，有 2000 多处、8400 多亩。至于有马路仓库的工厂就更多了。

二、工厂布局大集中，小分散，你中有我，我中有你

1949 年后建设的闵行、松江等七个卫星城，市属工厂仅 423 家，占全市工厂的 6.5%，职工人数 35 万人，占全市职工的 9.5%。绝大多数工厂集中在市区。有些工厂虽已迁往郊区工业区，但在市区留下有污染的铸造车间，如鼓风机厂、重型机器厂、探矿机器厂、汽车发动机厂等。就钢铁行业看，上钢一厂、五厂和钢管厂在吴淞，轧制厂在市区，钢坯从吴淞运到市区轧材，再返回吴淞制管，每年有 300 万吨钢铁来回旅行，光运费就要花去 1600 万元。市区的工厂是在中华人民共和国成立初期 15000 多家厂、作坊的基础上，通过经济改组合并起来的，市区有生产点 1 万多个。其中 277 家工厂有 3—5 个生产点，77 家工厂有 6 个以上的生产点。而这些生产点又与居民住房混杂相间、犬牙交错，如纺织局系统 486 家工厂中，有 105 家工厂与民房混杂交错，有 121 家工厂因三废、噪声、震动与居民矛盾尖锐。还有很多工厂占用住宅、办公楼进行生产。据房地部门统计，被工厂占用的花园住宅有 16 万平方米，新工房 20 万平方米，新式里弄 8 万平方米，旧式里弄 58 万平方米，办公楼 9 万平方米。使用很不合理。

三、城市环境质量恶化

由于生产发展与治理三废没有做到同步进行，工业污染情况严重。具体反映在：一是水源的污染。1963 年黄浦江水质有黑臭记录以来，污染情况日趋严重，1963 至 1977 年平均每年黑臭天数为 33 天，1982 年增加到 150 天。为保证市区居民吃水卫生，要花大量投资，修建黄浦江上游取水工程。二是菜田污染。据有关方面统计，市区近郊 18 万亩菜田约有 1 万亩菜田受到污染，如桃浦工业区受污染菜田有 4808 亩，其中污染严重的 3883 亩（内有重金属污染的 1265 亩）。三是大气污染。近几年上海近郊出现"酸雨"。四是居住环境质量恶化。由于工业布局不合理，工厂与民房杂居，居住环境受到工业三废的威胁，如闸北区和田地区，有 2200 户居民、两所中学、两所小学、一所医院，其间分布着 49 家工厂，其中 30 家有三废污染。和田中学，学生健康检查有 69% 患慢性鼻炎，35% 患咽喉炎，先后有 12 位教师患癌症。厂群矛盾尖锐，纠纷时有发生。据各区反映，污染情况比较严重的工厂有 170 多家，其中冶金局 16 家（热轧、有色冶炼行业），化工局 27 家（化学原料及染化、造纸行业），机电局 31 家（铸锻、电镀行业），仪表局 7 家（电镀行业），轻工局 18 家（日化、玻璃器皿行业），手工局 53 家（工具、电镀等行业），医药局 10 家（原料药行业）。另据经委部门统计，在市区污染比较严重的铸造、锻压、热处理和电镀等四类车间有 1420 个，大部分都分散在居民区内。

四、城市基础设施欠账严重

城市中的上水、排水、污水、煤气、供电等设施是城市建设的基础，决定城市的环境容量，但长期以来被视作附属工程，重视不够。本市工业总产值三十多年增长三十多倍，而用于城市基础设施建设的城市维护费，从中华人民共和国成立初期的 1.2 亿元增加到 3.4 亿元，增长不到 2 倍，欠账很大，不能适应工业增长的需要。以供电为例，1982 年底上海的发电设备容量为 218 万千瓦，全市最高负荷达到 246 万千瓦，而可送电网的负荷能力仅 200 万千瓦，造成超负荷运行。近几年每年都有数百家工厂要求新接或增加用电，能受电的不到 40%，有的申请了 4~5 年还用不上。市区道路狭窄，各类管线多，敷设管线难度大。据统计，市区道路总长度 907 公里，现有各类管线累计长度 9000 公里，平均每公里道路有 10 根管线。如杨树浦路宽 23 米，道路下面现有 69 根电力电缆、3 根煤气出厂管、3 根上水出厂管、1 根污水管、1 根雨水管，共有 77 根管线，已经达到饱和状态。

以上这些矛盾，在传统工业的技术改造中必须给以足够的重视。要制定正确的方针、编制长远的规划、采取有效的措施，并要有相应的政策保证。现提出如下意见供参考：

1. 方针。工业的技术改造要与城市改造相结合，与调整工业布局相结合。

2. 规划。编制工业技术改造规划，要与城市总体规划相协调。要统筹考虑经济效益、环境效益和社会效益，统一生产部门和各城市管理部门的认识，以利组织实施。

3. 措施。对于在市区没有三废污染，有条件原地改造工厂，建议建设综合楼（如针织四厂），向空中发展，改善厂房、场地不足的条件。对于零星分散、场地狭小、与民房犬牙交错的工厂，结合技术改造，动迁居民，调整用地，相对集中，改善布局。对于三废污染严重、用地大、运输量大、耗能多的工厂，建议结合技术改造外迁到郊区卫星城、工业区建设。要使工业发展有足够的"后劲"，很多工厂必须易地改造。要重视工业区地开发、新建、扩建。要编制工业区发展规划，实行综合开发，特别是城市基础设施要先行，为外迁工厂安家落户创造有利条件。

4. 政策。建议尽快制定征收土地级差使用费办法，研究鼓励工厂外迁的政策。

从当前市区各厂的技术改造情况看，大多数工厂都是增加产量，改建、扩建厂房。由于市区建筑密度高、工厂与民房又犬牙交错，很多工厂车间的改建与民房日照、通风的矛盾很突出。有些工厂厂区内有规划道路和地铁穿越，与车间的改建发生矛盾。有的地区因有机场、电台，建筑高度受限制。这些问题都应通过规划管理协调解决，否则工业生产部门的技术改造将受到影响。

后 记

2010 年退休后，我作为一名城市规划行业的散兵游勇，仍不时参与相关专业活动，从中得到不少启发，感悟之余写了一些文字。之所以结集出版，一是对退休生活的回顾，二是向老领导、老同事和新老朋友的学习汇报，以期指正。

文集得以出版要感谢中国建筑工业出版社的大力支持，并感谢母校原副校长郑时龄院士为文集写序。文集出版涉及的文稿打印和电子版制作，是上海市城市规划行业协会、《上海城市规划》编辑部和上海市城市建设档案馆有关同事协助完成的，在此一并致以诚挚的谢意。

2014 年 3 月 25 日

图书在版编目（CIP）数据

城市规划虚实谈 / 耿毓修著.—北京：中国建筑工业出版社，
2019.1
ISBN 978-7-112-23153-9

Ⅰ.①城… Ⅱ.①耿… Ⅲ.①城市规划–研究 Ⅳ.①TU984

中国版本图书馆CIP数据核字（2018）第299345号

作者长期从事城市规划管理工作，即使 2001 年退休后，仍然不时参加相关专业活动。诸如学术论坛、讲座，规划项目评审、咨询，专业座谈，杂志约稿，还承担了相关课题研究和规划顾问工作。2001 年以来，作者结合相关专业活动撰写了若干论文、评论、建议和纪实性文章。文集选取了其中具有参考价值和纪实意义的 35 篇文章，按其内容分为 7 个专题成集。

文集内容包括 4 类文体的文章。一是论述类，其内容既有对城市规划践行科学发展观、城市现代化与城市特色、生态城镇、历史文化遗产保护等热点问题的探讨；也有规划师继续教育，城市规划依法行政和依法编制，城市规划行业协会地位的解读和户外广告发展取向的论述；还有分别就《城市规划法》修改、北京城市总体规划修编、文化博览区规划等提出的咨询意见。二是评析类，对近年来获奖的 7 个城市规划项目和桓台县新城历史文化名镇保护规划等，分别进行了深入评析，指出其创新特点，给人以启示。并对居住社区和城市雕塑作品，联系实际进行了剖析，引发人们的思考。三是纪实类，其内容包括中华人民共和国成立以来不同时期上海住宅建设的发展，改革开放以来上海城市规划事业的回顾，中华人民共和国成立前，上海不同类型住宅万象纪实，以及工业遗产的利用等。从中可见上海城市规划和建设的发展轨迹。四是研究类，则是古村落、古民宅和特色村庄的调研报告。

文集内容丰富，题材多样，文体有别，主题有虚有实，篇幅有长有短，故名《城市规划虚实谈》，可供城市规划编制和管理人员以及关心城市建设的读者参阅。

责任编辑：杨 虹 尤凯曦
书籍设计：康 羽
责任校对：李美娜

城市规划虚实谈

耿毓修 著
*
中国建筑工业出版社出版、发行(北京海淀三里河路9号)
各地新华书店、建筑书店经销
北京雅盈中佳图文设计公司制版
北京中科印刷有限公司印刷
*
开本：787×1092毫米 1/16 印张：13¼ 字数：277千字
2019年3月第一版 2019年3月第一次印刷
定价：78.00元
ISBN 978-7-112-23153-9
　　　（33230）